GEOGRAPHISCHE SCHRIFTEN
HERAUSGEGEBEN VON A. HETTNER

HEFT 3

MODERNE INDUSTRIEN IM TROPISCHEN AFRIKA

EINE WIRTSCHAFTSGEOGRAPHISCHE STUDIE

VON

DR. H. MÜLLER-MINY

MIT VIER KÄRTCHEN

1928
SPRINGER FACHMEDIEN WIESBADEN GMBH

ISBN 978-3-663-15298-9 ISBN 978-3-663-15866-0 (eBook)
DOI 10.1007/978-3-663-15866-0

Vorwort.

Vorliegende Abhandlung ist eine Neubearbeitung und Erweiterung der ungedruckten Dissertation, die Verf. 1923 der Phil. Fak. der Universität Köln vorlegte; sie stellt einen industriegeographischen Versuch dar. Das Endziel einer geographischen Behandlung der Industrie ist die Standortsfrage. Deshalb muß man zuerst die Beziehungen aufdecken und untersuchen, die an einem Ort, wo sich die Industrie befindet, wirksam sind. Dann wird man entscheiden können, ob der Standort auf günstigen oder ungünstigen Bedingungen aufgebaut ist, ob natürliche Faktoren bestimmend gewesen sind oder rein wirtschaftliche und, wenn beide zusammen wirken, ihr Verhältnis zueinander. Es zeigt sich, daß in unberührten Landschaften, wie sie das tropische Afrika in sich birgt, die natürlichen Standortsbedingungen den Ausschlag geben und deshalb die industriegeographische Behandlung solcher Gebiete fruchtbar ist.

Die Technik der Fabrikationsvorgänge ist besonders berücksichtigt worden, da sich ja darin vielfach geographische Abhängigkeiten zeigen.

Da es auch Aufgabe dieser Arbeit ist festzustellen, was eigentlich heute an Industrien im tropischen Afrika vorhanden ist und welchen Grad der Leistungsfähigkeit sie schon erreicht haben, konnte naturgemäß auf Zahlenangaben nicht verzichtet werden.

Die Schwierigkeiten in der Beschaffung der ausländischen Literatur mögen manche Lücken erklären.

Die Anregung zu dieser Arbeit erhielt der Verfasser von seinem verehrten Lehrer Prof. Dr. Thorbecke in Köln; ihm sei an dieser Stelle für rege Unterstützung und Förderung herzlich gedankt. Danken möchte der Verfasser auch den Herren und Damen des Hamburgischen Weltwirtschaftsarchivs, die ihm bei der Beschaffung der Literatur behilflich waren, besonders Herrn Prof. Dr. Waltz, von dem er manchen wertvollen Hinweis erhalten hat.

Bonn, Februar 1928.

Dr. H. Müller-Miny.

Inhaltsverzeichnis.

I. Einleitung.

Problemstellung. Begriffsbestimmung. Es ist Aufgabe vorliegender Arbeit festzustellen, inwieweit sich schon heute moderne Industrien im tropischen Afrika entwickelt haben, und auf welchen geographischen Grundlagen sie stehen. Der Begriff Industrie und Industrialisierung ist im Gegensatz zur englischen Auffassung, die schließlich die ganze Wirtschaft Industrie nennt, eng gefaßt. Er umfaßt nur die modernen Betriebe mit maschinellen Methoden, die bei der Gewinnung, Aufbereitung und Verarbeitung des Rohstoffs angewandt werden. In diesem Begriff der Industrie ist also anderseits wieder mehr eingeschlossen, da man hierzulande z. B. die Aufbereitung landwirtschaftlicher Rohstoffe kaum mit dem Namen Industrie zu bezeichnen pflegt. Die sogenannte Eingeborenen-Industrie, die sich bei der Verarbeitung primitiver Methoden bedient, ist nicht mitbehandelt, außer dort, wo sie in Gegensatz tritt zur modernen europäischen. In diesem Fall bedeutet Industrialisierung auch die Ersetzung der „Industrie" der Eingeborenen durch die moderne maschinelle.

Da im tropischen Afrika bisher, abgesehen vom Bergbau und von Industrien, die sich daran anschließen, im wesentlichen nur eine landwirtschaftliche Aufbereitungsindustrie entstanden ist, eng mit dem Anbau des zu verarbeitenden Rohstoffs verknüpft, stellt vorliegende Arbeit auch den Versuch dar, die landwirtschaftliche Industrie getrennt vom Anbau zu behandeln und ihre besondern geographischen Grundlagen zu untersuchen. Auf den Anbau ist deshalb nur wenig Bezug genommen worden.

Auf die Möglichkeit der Weiterentwicklung der Industrie ist hingewiesen, ebenso darauf, daß eine schon vorhandene Industrie der Ansatzpunkt einer neuen werden kann.

Abgrenzung des Gebietes. Das zu behandelnde Gebiet ist im Norden begrenzt durch die Wüste, im Osten und Westen durch den Ozean, im Süden, wo sich keine scharfe Grenze zwischen Tropen und Subtropen ziehen läßt, sind einbezogen die echt tropischen Gebiete von Angola, Nord-Rhodesien und Mosambik, ferner die Küstenstriche von Natal, soweit sie für die Rohrzuckerindustrie in Frage kommen. Einbegriffen ist auch die tropische Inselwelt.

II. Die allgemeinen Grundlagen der Industrie.

1. Klima.

Das Klima ist der grundlegende geographische Faktor für die Industrialisierung der afrikanischen Tropen. Auf der einen Seite bringt es die Rohstoffe hervor, welche die Industrie, besonders die landwirtschaftliche, verarbeiten soll; auf der andern setzt es der industriellen Ausnützung der pflanzlichen, tierischen und mineralischen Rohstoffe große Hindernisse entgegen.

Die Verteilung des Klimas, und damit seines Abbildes, der Vegetation, im tropischen Afrika ist maßgebend für die Verteilung des pflanzlichen Rohstoffs und legt den Standort der landwirtschaftlichen Industrien im großen fest. Um die immerfeuchte Urwaldzone im Westen und in der Mitte des Kontinents legen sich die trockneren Zonen der Savanne und der Steppe. Jede liefert ihre besondern Rohstoffe an die Aufbereitungsindustrie. Charakteristisch für die immerfeuchte Zone ist die Ölpalme und die Palmölindustrie, für die trockneren Zonen sind es Faserpflanzen, vornehmlich Baumwolle und Sisal, und die Baumwoll- und Sisalaufbereitungsindustrie, die Viehbestände und die Fleischindustrie.

Die Widerstände, die das Tropenklima einer Industrialisierung entgegenstellt, sind vornehmlich zweierlei Art: einmal zieht das Klima der Betätigung des weißen Mannes — im tropischen Afrika handelt es sich fast ausschließlich um den Europäer — enge Schranken, dann wirkt es zerstörend auf die Betriebsmittel der Industrie ein und macht sogar solche Industrien unmöglich, die leicht verderbliche Güter herstellen.

Im tropischen Klima ist der Weiße nicht zu dauernder, schwerer körperlicher Arbeit befähigt, es sei denn, er hätte sich Generationen hindurch akklimatisiert, wie es im tropischen Südamerika der Fall ist. Sogar ein bloßer Aufenthalt ist für ihn auf die Dauer unmöglich; das gilt allerdings nur für die feuchten Niederungsgebiete. Die hohe, gleichmäßige Mittelwärme von durchschnittlich 25° und die hohe relative Feuchtigkeit, die sich um 80% hält, wirken auf seinen Körper entnervend; dazu ist er tropischen Krankheiten ausgesetzt. Körperliche Arbeitsverrichtungen muß er dem Eingeborenen überlassen, er selbst behält nur die Leitung. Diese Arbeitsteilung ist für die landwirtschaftlichen Betriebe gegeben, für die industriellen stellen sich aber Schwierigkeiten ein. Da der Neger im tropischen Afrika Landbebauer ist und zur Arbeit an den Maschinen erst erzogen werden muß, ist der

Weiße gezwungen, in der Fabrik zur Bedienung der Maschinen körperliche Arbeit zu leisten.

Der zweite Grund, der einer Industrialisierung Schwierigkeiten bereitet, allerdings gegenüber dem ersten zurücktritt, ist die Einwirkung des Klimas auf die Betriebsmittel der Industrie, z. B. Holz[1]) und Eisen. Besonders für Eisenteile bringt das feuchtwarme Klima eine erhöhte Rostgefahr. Genauere Angaben über diese interessante Tatsache waren in der Literatur kaum aufzufinden. Für die tropischen Eisenbahnen ist das starke Rosten jedenfalls bedeutungsvoll. F. Baltzer erwähnt in seinem Buch über die Kolonialbahnen (16) an mehreren Stellen[2]), daß in den Tropen, zumal in Küstengebieten, wegen der ungemein heftigen Regenzeit und dauernd herrschender Feuchtigkeit die Rostgefahr stärker ist als in der Heimat. Stärken der Eisenbauteile unter 10 mm, z. B. bei Eisenbahnbrücken, sollten deshalb grundsätzlich vermieden werden. Besonders Kleineisenzeug ist der Zerstörung ausgesetzt. Nach Gerding[3]) ist neben andern Gründen die Haupteisenbahnwerkstätte nicht in Swakopmund[4]), sondern in Karibib errichtet worden, weil hier das Klima bedeutend günstiger ist. In Swakopmund leiden alle Maschinen und Eisenteile, wenn sie nur kurze Zeit der freien Luft ausgesetzt sind, außerordentlich durch den Rost. Eine Notiz über Rostgefahr, besonders bei Telephonanlagen, bringt auch C. Réné.[5])

Diese klimatischen Hindernisse sind stark ausgeprägt in den feuchten Gebieten, in den trockneren und hoch gelegenen treten sie mehr zurück.

Eine klimatische Abhängigkeit tritt auch bei der Anwendung von Kraftmaschinen in die Erscheinung. Neben andern Gründen, die unten angegeben sind, ist die Dampfmaschine in Trockengebieten weniger in Gebrauch als andere Antriebsmaschinen, weil hier das Wasser knapp ist und auch vielfach einen hohen Prozentsatz von Mineralstoffen enthält, so daß es vorher filtriert werden muß. So haben z. B. auch die Eisenbahnlokomotiven in solchen Gebieten unter Wassermangel zu leiden. Ein Beispiel hierfür ist unten S. 125 angeführt.

1) Hier wären auch die zerstörenden Einflüsse aus der Tierwelt zu nennen. Nur Hartholz widersteht dem Termitenfraß, eine Imprägnierung gewöhnlichen Holzes schützt nicht. 2) S. 349, 362/63, 364.

3) „Die Bahn Swakopmund-Windhuk", Berlin 1902.

4) Swakopmund liegt zwar in den Subtropen, aber die hohe Luftfeuchtigkeit wirkt sich hier ähnlich aus wie in den Tropen.

5) „Kamerun und die deutsche Tschadsee-Eisenbahn", Berlin 1905.

2. Energiequellen.

Die Kraft zum Antrieb der Maschinen spenden im tropischen Afrika, abgesehen von nicht bodenständigen, d. h. eingeführten Mitteln, Holz, Abfälle aus der Produktion und die Erzeugnisse selbst, wie Öl, dann Kohle und Wasserkraft. Wind und Sonne kommen als Kraftquelle praktisch nicht in Frage. Einzelangaben und Beispiele sind in den Abschnitten über die einzelnen Industrien gebracht. Das Vorhandensein dieser Energiequellen, das ja auch klimatisch bedingt ist, schreibt der Industrie die Anwendung einer bestimmten Kraftmaschinenart vor, soweit sie sich nicht durch die Einfuhr anderer energiehaltiger Stoffe unabhängig macht.

a) Holz, Abfälle, Öl.

In den Waldgebieten mit ihren reichen Holzbeständen kann die Dampfmaschine ganz zur Geltung kommen. Die holzbefeuerte Dampfmaschine ist in diesen Gebieten die wichtigste Kraftspenderin. In den holzarmen Trockengebieten wird sie, soweit nicht Produktionsabfälle und Kohle verwendet werden, durch den Gasmotor verdrängt, der einheimisches Pflanzenöl und eingeführtes Mineralöl verwenden kann, dessen Antransport wesentlich billiger ist als der von Kohle und Holz. Hier werden auch besonders ausgiebig die brennbaren Produktionsabfälle verwendet, wie Erdnußschalen u. dgl. mehr. Um die knappen Waldbestände am Blauen Nil zu schonen, verbot die englische Regierung, daß die Bagger am Gesire-Kanal weiter Brennholz verfeuerten (100, 1921).

b) Kohle.

Längere Zeit galt das tropische Afrika als ein fast kohlenfreies Land. Je mehr in den letzten Jahren aber, Hand in Hand mit der wirtschaftlichen Erschließung des Landes, auch die geologische Forschung tätig war, um so mehr stellte sich heraus, daß die afrikanischen Tropengebiete doch mehr Kohlenschätze in sich bergen, als ursprünglich vermutet wurde. Allerdings können sich diese Kohlenvorkommen, die bis jetzt bekannt sind, durchaus nicht denen der nordischen Länder an die Seite stellen. Doch für das tropische Afrika mit seinem eigenartigen Wirtschaftsleben, seiner erst im Anfangsstadium stehenden Industrie können sie in Zukunft von größter Bedeutung werden. Den meisten Nutzen werden vorerst die Eisenbahnen aus der Kohle ziehen, die sich teuer eingeführter Kohle und Öle bedienen müssen oder die unwirtschaftliche Holzfeuerung verwenden. Die afrikanische Kohle, sowohl die im tropischen Afrika als auch die in Südafrika, tritt in

Menge und Güte hinter der nordischen Kohle zurück. Während diese durch die intensiven Faltungen und den damit verbundenen Gebirgsdruck der Karbonzeit besonders hochwertig geworden ist, liegt die afrikanische Kohle in flach gelagerte jüngere Schichten meist triassischen Alters, in die sog. Karruformation, eingebettet. Ihr Gehalt an festem Kohlenstoff übersteigt im allgemeinen nicht 50% der nordischen Steinkohle, die 80—90% Kohlenstoff enthält, ihr Gehalt an flüchtigen Bestandteilen und Asche ist unverhältnismäßig hoch; meist ist sie nicht oder nur schlecht verkokbar. Gerade der Mangel der geringen Verkokbarkeit ist mit ein wesentlicher Faktor, der sich der Ausbeute afrikanischer, im besondern tropisch-afrikanischer Mineralschätze in den Weg stellt. Bei der hohen Entwicklung des Bergbaus im außertropischen Südafrika ist hier die Kohle schon weithin erschlossen und seit einer Reihe von Jahren stark abgebaut. Die südafrikanische Kohlenproduktion liefert schon jährlich viele Millionen Tonnen. Im tropischen Afrika wird die Steinkohle heute in Süd-Nigerien, im Kongo und am Sambesi angebaut. Wenn auch die jährlichen Produktionsziffern heute nur einige 100000 t ausmachen, so haben sie doch deshalb schon größere Bedeutung als unsre entsprechenden, weil dadurch Tausende von kostbaren menschlichen Arbeitskräften frei werden, die unwirtschaftlich in Herstellung und Transport von Feuerungsholz gebunden liegen.

Der Kohlenbergbau des Udi-Distrikts ist im folgenden eingehender behandelt. Die Kohlenvorkommen in den übrigen afrikanisch-tropischen Gebieten sind angeführt, soweit sie für die wirtschaftliche Erschließung dieser Gebiete wertvoll sein können. In die Betrachtung mit einbezogen sind die Kohlenlager von Wankie. Wenn auch Süd-Rhodesien in dieser Arbeit nicht mit behandelt ist, so ist doch die Wankie-Kohle für die einzige Schwerindustrie des tropischen Afrika, die Kupferindustrie Katangas, von ausschlaggebender Bedeutung: ohne Wankie-Kohle bestände diese Industrie in ihrem heutigen Umfang nicht.

Udi[1]). Die Kohlenfelder von Udi liegen zwischen Udi und Okwoga in Süd-Nigerien, etwa 80 km östlich Onitscha am untern Niger. Die Anwesenheit von Kohle wurde zuerst 1909 entdeckt. Die bisher bekannte Ausdehnung der Kohlenfelder umfaßt eine Fläche von rund 4500 qkm. Die Kohle liegt nahe der Erdoberfläche, was einen leichten Abbau ermöglicht, und geht im allgemeinen nicht tiefer als bis zu 50 m. Die Mächtigkeit der Flöze schwankt sehr. In den heute abge-

1) Siehe Karte, 26 (1916, 1920, 1924) und 99 (1913, 1923, 1924).

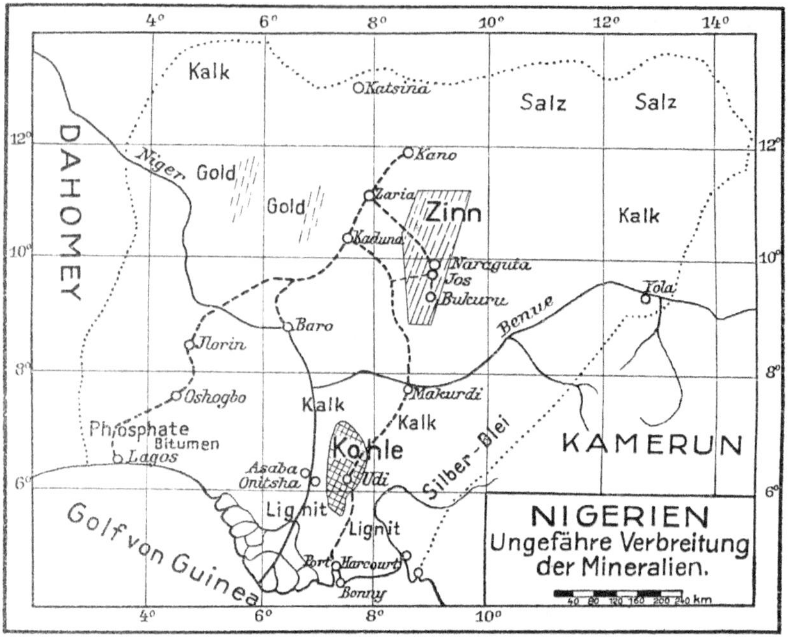

Nach „The Nigeria Handbook“ (56).

bauten Hauptflözen von Enugu und dem Iva-Tal ist sie durchschnittlich 135 cm. Die Qualität der Kohle verbessert sich, je tiefer man in die Flöze eindringt. Wo sich Bäche und Flüsse eingeschnitten haben, tritt die Kohle vielfach an den Talhängen in ihrer ganzen Mächtigkeit ans Tageslicht. Man schätzt den Reichtum der Lager, die heute unter Ausbeute stehen, auf 12 Millionen tons.

Die nigerische Kohle ist jünger als die südafrikanische Karru-Kohle, sie gehört fast horizontal gelagerten Kreideschichten an. Der Güte nach steht sie hinter der südafrikanischen nicht zurück. Ihren Wert veranschlagt man auf etwa 80% des Wertes der besten Walliser Kohle. Ihre praktische Verwendbarkeit ergibt sich aus der Tatsache, daß sich die Förderung im Jahre 1920 auf das achtfache erhöht hat gegenüber 1916.

Im folgenden ist ein allgemeines Gutachten über die Udi-Kohle wiedergegeben und eine Durchschnittsanalyse:

Die Udi-Kohle ist von subbituminösem Typ, gewöhnlich mattschwarz. Im allgemeinen ist sie frei von mineralischen Verunreinigungen. Die Kohle entzündet sich schnell, brennt hell mit steter Flamme und entwickelt nur wenig Rauch. Beim Erhitzen bäckt sie nicht zusammen und zerspringt auch nicht. Sie ist nicht bröckelig, wie viele afrikanische Kohlen.

Die Kohle enthält durchschnittlich:

48,41%	festen Kohlenstoff
38,18%	flüchtige Bestandteile
7,79%	Aschenbestandteile
5,62%	Wasser
100,00%	
0,76%	Schwefel.

Der Heizwert der Kohle beträgt im Durchschnitt 6969 Kalorien. Ihre chemische Beschaffenheit und damit auch ihr Wert ist nicht überall gleich obigen Durchschnittszahlen, sondern wechselt in verschiedenen Lagern sehr stark.

Analyse aus dem Awka- und West-Udi-Distrikt:

50,46%	36,06%	fester Kohlenstoff
34,54%	29,13%	flüchtige Bestandteile
7,65%	5,71%	Wasser
7,35%	29,10%	Aschengehalt
100,00%	100,00%	
2,60%	1,24%	Schwefel
6801	5114	Kalorien.

Die bisher festgestellten Extreme der Kalorienwerte sind 5437 und 7456. Die Udi-Kohle scheint nicht verkokbar zu sein. Kokereien bestehen jedenfalls bis jetzt nicht, weder bei den Zechen selbst noch am Verschiffungsplatz Port Harcourt. Aus der verschiedenen chemischen Zusammensetzung wird man wohl schließen dürfen, daß die Udi-Kohle, wenn überhaupt, sich nur zum Teil in Koks umwandeln läßt. Hierdurch wird ihre wirtschaftliche Bedeutung jedenfalls vermindert.

An den Abbau der Kohlenfelder konnte man erst herangehen, als sie 1916 durch eine Eisenbahn mit der Küste verbunden wurden. Die Kohle wird in einfachen Stollen abgebaut. Die Bergwerke sind mit modernen Maschinenanlagen versehen; große, mit Dampf betriebene Ventilatoren machen die Arbeit unter Tag möglich, vier Förderanlagen sind augenblicklich in Betrieb. Neuerdings verwendet man in den Gruben auch elektrische Kraft.

Eine Eigentümlichkeit der Udi-Zechen ist ihr relativ hoher Verbrauch an Grubenholz. Infolge seiner Gesteinsbeschaffenheit und Tektonik ist das Gebirge sehr „druckhaft“, außerdem tragen die klimatischen Einflüsse zur schnellen Zerstörung des Holzes bei. Da die Kohlenfelder in einem Gebiet der Savanne liegen, das arm an brauchbarem Holz ist, muß es von der Küste aus den Mangrovewäldern herbeigeschafft werden, die reich an harten und widerstandsfähigen Hölzern sind. Neuerdings hat man brauchbares Nutzholz in unmittelbarer Nähe der Zechen angepflanzt.

Augenblicklich wird die Kohle an zwei Zentren gefördert, bei Enugu, das sich immer mehr zu einer modernen Industriesiedlung entwickelt und der Hauptplatz des Bergbaus ist, und im Iva-Tal. Aus den Förderungsmengen seit Beginn des Abbaus ergibt sich die Lebensfähigkeit der jungen Kohlenindustrie:

1916	24500 tons	1921	212846 tons
1917	38405 „	1922	110785 „
1918	148214 „	1923	170683 „
1919	137844 „	1924	201932 „
1920	180831 „		

Die Arbeiterbeschaffung für die Kohlenbergwerke bereitet verhältnismäßig wenig Schwierigkeiten. Die Eingeborenen, die in der Nähe der Kohlenminen seßhaft sind, eignen sich durchaus als Grubenarbeiter und sind in reichlicher Anzahl vorhanden. Da hohe Löhne gezahlt werden, ist die Arbeit auf den Gruben für sie gewinnbringend. Die Zahl der eingeborenen Arbeiter schwankt sehr, da naturgemäß für Erschließungsarbeiten, Bauten u. dgl. m. eine große Zahl Kräfte gebraucht werden, die nachher wieder verschwinden. 1920 waren 2600 beschäftigt, 1924 1400. Dazu kommen noch 25—27 Weiße.

Die Udi-Minen haben für afrikanische Verhältnisse eine sehr günstige Verkehrslage. Nur etwa 80 km trennen sie vom schiffbaren unteren Niger, eine leistungsfähige Eisenbahn von 243 km Länge (Strecke Port Harcourt-Enugu) verbindet sie mit dem Meer.[1]) Dadurch haben sie erst ihre wirtschaftliche Bedeutung erlangt. Dagegen können andere Kohlenvorkommen im tropischen Afrika, wie die Lager am Nordufer des Nyassa-Sees im ehemaligen Deutsch-Ostafrika, bisher nicht ausgebeutet werden, weil sie verkehrsgeographisch ungünstig liegen. Der Verschiffungsplatz der Udi-Kohle, Port Harcourt im Hintergrund der Bucht des Bonny-Flusses, ist in den letzten Jahren zu einem modernen Kohlenhafen ausgebaut worden. Die Möglichkeit einer industriellen Entwicklung an diesem Platz ist damit gegeben. Dépêche Coloniale (33, Nr. 6304, 1918) schreibt hierüber: „Port Harcourt, der neue Hafen, ist nach einem einheitlichen Plan modern ausgebaut mit breiten Wegen, Wohnhäusern, Büros, Hospital. Es hat Kohlenablageplätze mit großen Kohlenkippern, Lagerschuppen, Fabrikanlagen, Lokomotivschuppen und Reparaturwerkstätten.“ Eine

---

1) Das ist die Anfangsstrecke der heute fertigen nigerischen Ostbahn Port Harcourt-Kaduna mit einer Gesamtlänge von 910 km.

weitere verkehrsgeographische Erschließung erfährt der Udi-Distrikt durch die Eisenbahnstrecke Enugu-Kaduna, die nordwärts über den Benue führt und sich bei Kaduna mit der großen nigerischen Nordbahn verbindet. Hierdurch werden auch die Zinngebiete Nordnigeriens der Kohle zugänglich gemacht.[1])

Wirtschaftlich ist die Udi-Kohle für Nigerien selbst wie auch für die ganze westafrikanische Küste von höchster Bedeutung. Sie kann die teure europäische Kohle in den Kolonien längs des Golfes von Guinea, wenn auch nicht ganz, so doch zum größten Teil ersetzen, wenn die Förderung in den nächsten Jahren gesteigert wird, wofür alle Anzeichen vorhanden sind. Die sehr günstige Verkehrslage des Kohlenhafens Port Harcourt fast in der Mitte der Guineaküste wird viel zu dieser Entwicklung beitragen. Den meisten Nutzen ziehen natürlich die Eisenbahnen aus der nigerischen Kohle. Die industriellen Betriebe sind weniger von der Kohle abhängig — abgesehen vom Bergbau —, da sie vielfach Abfallprodukte aus dem eigenen Betrieb oder Holz verfeuern können. Seit 1917 hat sich Nigerien vollständig von auswärtiger Kohle unabhängig gemacht. Die Hauptverbraucher der Udi-Kohle sind die nigerischen Eisenbahnen. Sie wird mit Küstendampfern von Port Harcourt nach Lagos befördert und hier umgeschlagen. Seit 1918 übersteigt die Kohlenförderung den Eigenverbrauch, und Nigerien beliefert seit dieser Zeit andere westafrikanische Häfen. 1920 wurden rund $\frac{2}{3}$ im eigenen Land verbraucht, das übrige exportiert. Nach The African World v. 17. 5. 19 werden z. B. die Küstendampfer der Elder Dempster Linie und die Eisenbahn von Sierra Leone ganz mit nigerischer Kohle versorgt. Man kann der Dépêche Coloniale recht geben, wenn sie schreibt: „England hat in seinen Udi-Kohlenminen die besten seiner Goldminen gefunden." Lugard, der frühere Gouverneur von Nigerien, weist nachdrücklich auf die großen direkten Vorteile hin, welche Eisenbahn, Verwaltung und Zinnbergbau Nigeriens aus der eignen Kohle ziehen (26, 1916). Ebensosehr betont er aber auch die indirekten Vorteile, die sich besonders für die Eingeborenen ergeben, die im Kohlenbergbau beschäftigt sind. Die hohen Löhne ermöglichen es ihnen, ihre Lebenshaltung zu erhöhen.

Braunkohle in Nigerien. Neben der Steinkohle lagern in Nigerien ausgedehnte tertiäre (früheozäne) Braunkohlenflöze zu beiden Seiten des Niger bei Asaba. Sie werden zwar noch nicht abgebaut, da man zuerst wohl den Steinkohlenbergbau entwickeln wird, aber ihre Lage

---

1) Vgl. S. 107.

zu beiden Seiten des schiffbaren unteren Niger und ihre gute Beschaffenheit versprechen ihnen für die Zukunft wirtschaftliche Bedeutung.

Wie folgende Vergleichsanalyse zeigt, übertrifft die nigerische Braunkohle an Güte die mitteldeutsche:

Durchschnitt	flücht. Bestandt.	Kohle	Wasser	Asche	Schwefel	Kalorien
Nig. Br.-Kohle						
Okpanam	44,86%	29,48%	11,81%	13,85%	1,10%	5402
Newi	44,91%	32,37%	12,62%	10,11%	1,07%	5357
Dt. Br.-Kohle						
Breunsdorf ...	43,36%	18,09%	31,02%	5,53%	2,60%	4822
Böhm. Br.-Kohle						
Aussig	36,72%	38,60%	22,22%	2,46%	0,69%	5603

Brikettier-, Destillations- und Verfeuerungsversuche haben ein befriedigendes Ergebnis gezeitigt. Die Lignitlager westlich des Niger bei Ibusa und andern Orten, die durch eine gute Landstraße mit Asaba verbunden sind, haben eine Mächtigkeit von ca. 3,75 m, an andern Stellen westlich davon sogar 5,10—6,90 m. Die Flöze sind teilweise von Flüssen angeschnitten.[1])

Die andern Steinkohlenvorkommen. Die übrigen bisher aufgedeckten Steinkohlenlager im tropischen Afrika werden zum Teil noch gar nicht abgebaut, zum Teil setzt ihre Ausbeutung erst gegenwärtig ein. Sie sind durchweg geringwertiger als die Udi-Kohle und haben auch eine ungünstigere Verkehrslage.

Angola. In Angola ist ein Kohlenfeld aufgefunden bei Zenza do Itombe, etwa 12 km von der Station Zenza der Loanda-Bahn, rund 130 km von Loanda entfernt. Trotz der verhältnismäßig günstigen Lage zur Eisenbahn und Küste dürfte infolge ihrer geringen Güte ihr wirtschaftlicher Wert niedrig sein. Die Kohle ist in hohem Grade bituminös. Für die Eisenbahn ist sie verwendbar, nicht aber als Bunkerkohle (22, 13. 11. 17 u. 14. 1. 18). Wegen ihres hohen Rohölgehalts (bis zu 31%) beabsichtigt man, sie zur Gewinnung von mineralischen Ölen (Benzol u. dgl. m.) zu verwerten.

Mosambik. Von den drei größeren ostafrikanischen und zentralafrikanischen Steinkohlenfeldern scheint das Kohlenbecken von Tete am Sambesi das aussichtsreichste zu sein. Das Vorhandensein von Kohle wurde schon von Livingstone hier festgestellt. Zu Anfang der

1) Genaue Angaben finden sich in folgenden Miscellaneous Series der Colonial Reports von Nigerien (Cd 2876) S. 9 u. 18, (Cd 4994) S. 19, (Cd 4995) S. 14 u. 24, (Cd 5901) S. 16 und Bulletin of the Imperial Institute 1923, S. 325ff.

80er Jahre wurden die Lager von H. Kuß und E. Lapierre untersucht, allerdings nach F. Behrend (19) wenig ausführlich. Nach Lapierre enthalten die an Mächtigkeit zwischen wenigen Dezimetern und 12—14 m schwankenden Flöze nur eine im allgemeinen mittelmäßige Kohle, die örtlich recht verschieden ist. Nach neueren Angaben (4, 18. 10. 19 u. 13. 12. 19), die sich auf spätere geologische Untersuchungen stützen, hat die Tete-Kohle eine im allgemeinen gute Beschaffenheit, so daß sich ihr Abbau durchaus lohnt. Die Kohle ist verkokbar. Die Hauptfundorte sind Singa und Moatize am Sambesi. Da die Kohle nur wenige Meter unter der Erdoberfläche liegt und die Flöze von den Tälern angeschnitten sind, bereitet der Abbau nur wenig Mühe.

Die Soc. Minière et Géologique de Zambèse (Minière Zambésienne) hat heute die Verwertung der Kohle übernommen (32, 1924, Heft Okt.). Eine 20 km lange Eisenbahn verbindet jetzt die Abbaustellen mit dem Sambesi. Förderanlage, elektrische Zentrale, Kompressoren, ein Sägewerk usw. sind fertiggestellt. Sisalfabriken und Ginnereien, die am Fluß liegen, werden schon mit Kohle aus den Flözen, die zu Tage streichen, beliefert.

Die Voraussetzung einer intensiven Ausbeutung wird allerdings eine Eisenbahnverbindung zwischen Tete und der Transsambesi-Bahn sein. Der Sambesi ist zwar bis Tete schiffbar, aber nur für ganz flache Schiffe.[1]) Die Tete-Kohle wird weniger als Ausfuhrkohle in Frage kommen, da sie als solche rund 600 km bis Beira mit der Eisenbahn befördert werden müßte. Nutzen werden in erster Linie die Eisenbahnen und in zweiter Linie die Baumwollginnereien, Sisalfabriken und Zuckerfabriken im Sambesital aus der Kohle ziehen. Von den Sambesidampfern wird die Kohle in geringem Umfang schon seit längerer Zeit benutzt.

Katanga. Über die Kohlenlager in Katanga am oberen Lualaba und die jetzt in Abbau begriffene Luena-Mine s. u. „Kupferindustrie in Katanga", S. 109 ff.

Ehem. Deutsch-Ostafrika. Diese Kolonie hat außer den Kohlenflözen am Kivira-Fluß im Norden des Nyassa-Sees verschiedene kleinere Kohlenlager, die aber kaum wirtschaftliche Bedeutung besitzen. Die Lager am Kivira haben größere Ausdehnung. Nach einem Gut-

1) Das ganze Jahr über schiffbar ist der Fluß nur bis zur Schire-Mündung, aber nur für Dampfer mit rd. 60 cm Tiefgang. Bis Tete können die Dampfer bloß während der Regenzeit (Dez.—Febr.) verkehren; sonst ist auf dieser Strecke nur Kanuverkehr möglich. Ein Flußtransport für nennenswerte Kohlenmengen kommt daher kaum in Frage. Das Verladen an der Sambesimündung stößt wegen der Sambesibarre auf Schwierigkeiten und muß mit Leichtern auf offener See geschehen.

achten der Bergakademie in Berlin ist diese Kohle für alle Feuerungsarten brauchbar, im allgemeinen aber von mittelmäßiger Beschaffenheit. Sie eignet sich zur Verkokung. Da die Kohle weit von der Küste entfernt liegt, hat sie bis jetzt keinen wirtschaftlichen Wert. Sie dürfte ihn vielleicht gewinnen, wenn der Nyassa-See durch die Transsambesi-Bahn mit dem Meere verbunden ist, da sie nicht weit vom Nordufer des Sees entfernt liegt.

Belgisch-Kongo. Das bedeutendste Kohlenvorkommen nach den Lualabafeldern im belgischen Kongo[1]) ist bisher das Kohlenlager am Lukuga in der Nähe seines Ausflusses aus dem Tanganjika-See unweit der Lukuga-Bahn. Die Kohle kommt in fünf übereinanderliegenden Flözen vor, deren Mächtigkeit zwischen 20 und 180 cm schwankt. Sie ist, wie folgt, zusammengesetzt:

50%	fester Kohlenstoff
rd. 40%	flüchtige Bestandteile
über 10%	Asche
rd. 6000	Kalorien.

Die Vorräte sind nach F. Frech (50) auf 90 Millionen Tonnen geschätzt. Da die Kohle nicht verkokbar ist, mußte der Plan eines Eisenbahnbaus von Elisabethville zum Lukuga zur Versorgung der Kupferindustrie mit Koks aufgegeben werden. Die Lager haben eine Ausdehnung von 1000 qkm (4, 13. 7. 13). Als nicht verkokbar wird die Kohle hauptsächlich von der Eisenbahn und den Seedampfern auf dem Tanganjika verbraucht. In Verbindung mit Holz wurde sie eine Zeitlang von den Lokomotiven der Lukuga-Bahn verfeuert, neuerdings aber nicht mehr, da die Kohle im Vergleich zu Holz zu teuer ist (98, 1924). Abgebaut wird sie in der Makala-Mine bei Greinerville, 12 km von der Lukuga-Bahn. 1924 wurden monatlich 400—500 t gefördert. Eine Fabrikanlage zur Herstellung von pulverisierter Kohle ist in Betrieb. Zur besseren Ausnützung ist beabsichtigt, die Kohle auf Benzol zu verarbeiten, da Versuche gute Erfolge erzielt haben (32, 1924, Heft Juli).

Somaliland. Nach einem Bericht von 1915 (26, 1915) ist ein Kohlenlager im Somaliland etwa 80 km von Berbera aufgefunden worden. Die Kohle besitzt 75% des Heizwertes von Walliser Kohle, reicht aber an die beste nigerische Kohle nicht heran. Sie enthält:

39,78%	festen Kohlenstoff	12,05%	Asche
35,16%	flüchtige Bestandteile	0,64%	Schwefel
13,01%	Wasser	5661	Kalorien.

Die Kohle hat also nur lokalen Wert. In den Häfen wird sie mit anderer Kohle nicht konkurrieren können.

1) Siehe S. 109 ff.

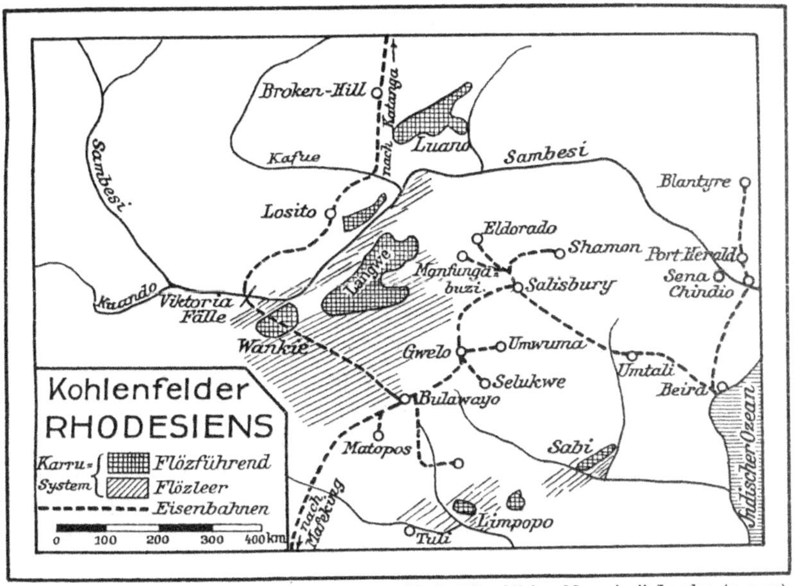

Nach "The Mining Magazine" London (1. 5. 14).

Madagaskar. Auf dieser Insel befinden sich eine Reihe Kohlenlager, die aber noch wenig erforscht sind. Ausgebeutet werden sie noch nicht (27, 1924, S. 994ff.).

Wankie. Die Kohlenfelder von Südrhodesien zu beiden Seiten des Sambesi, die auf 6,8 Milliarden tons geschätzt werden (131, Vol. I, S. 482ff.), gehören zu den wichtigsten der nicht gerade zahlreichen abbauwürdigen Kohlenlagerstätten des gesamten afrikanischen Kontinentes. Als Karru-Kohle ist die rhodesische Kohle durch ihren hohen Aschengehalt gekennzeichnet. Den niedrigsten Gehalt an Asche (8—13%) weisen die beiden Lagerstätten von Wankie und Tuli auf. Nur das Lager von Wankie in der Nähe der Viktoria-Fälle wird bisher abgebaut; die rhodesische Bahn von Bulawayo nach Katanga führt mitten hindurch. Das Hauptflöz von Wankie ist etwa mannshoch und erstreckt sich über 200 km. Da es nur in geringer Tiefe liegt, ist der Abbau einfach. Eine Durchschnittsanalyse gibt folgende Zusammensetzung:

50%	fester Kohlenstoff	10%	Aschengehalt
40%	flüchtige Bestandteile	6500—7000	Kalorien.

Die Asche ist sehr schön und ohne Schlacken. Von außerordentlicher Bedeutung ist die Verkokbarkeit der Kohle, der Koks wird in 166 Öfen erzeugt. Die Minen fördern 500000 tons Kohle und 100000 tons Koks im Jahr.

Die Wankie-Kohle hat schon eine vielseitige Verwendung gefunden, sie versorgt den ganzen Bergbau Rhodesiens sowie auch die Kupferhütten von Katanga mit dem nötigen Betriebsstoff und unterhält die rhodesischen Eisenbahnen und die Küstendampfer, die im Hafen von Beira bunkern. Da die Wankie-Kohle für den Export einen Eisenbahntransport von über 1000 km bis nach Beira erfordert, tritt ihre Bedeutung als Ausfuhrkohle zurück. Ihr Hauptwert liegt im binnenländischen Verbrauch.

c) Die „weiße Kohle" als Kraftspenderin.

Wasserkräfte und Elektrizität. Wenn auch, wie im vorhergehenden Abschnitt ausgeführt wurde, das tropische Afrika über eine Reihe mehr oder minder brauchbarer Kohlenlager verfügt, so werden diese in Zukunft doch nicht ausreichen, um die industriellen Betriebe und die Eisenbahn mit dem nötigen Kraftstoff zu versorgen. Mittelmäßige Beschaffenheit und ungünstige Lage verhindern dies. Eisenbahn und Industrie sind gezwungen, wenn sie sich von der eingeführten Kohle freimachen wollen, soweit sie nicht Holz und Abfallstoffe aus dem eigenen Betriebe verwenden, auf die „weiße Kohle" zurückzugreifen. Was die Natur auf der einen Seite versagt hat, hat sie dem Land auf der andern in reicher Fülle gespendet. Die Flüsse im tropischen Afrika sind in ihren zahlreichen Wasserfällen und Stromschnellen ein unerschöpfliches Reservoir von Energie.

Dove (40) hat in seinen „Afrikanischen Wirtschaftsstudien" in dem Abschnitt „Die Wasserkräfte Afrikas" diese auf ihre technische Ausnützungsmöglichkeit und ihre Bedeutung für das afrikanische Wirtschaftsleben zusammenfassend behandelt. Es sei besonders auf diese sehr lesenswerte Studie hingewiesen.

Da es mit zur Aufgabe vorliegender Arbeit gehört festzustellen, wieweit die Industrialisierung des tropischen Afrika fortgeschritten ist, in diesem Fall, wieweit sich Industrie und Verkehr schon heute der Wasserkraft als Kraftspenderin bedienen, so seien im folgenden nur einzelne charakteristische Merkmale der Wasserverhältnisse der afrikanischen Tropen hervorgehoben.

Drei geographische Faktoren bestimmen den Wert von Wasserkräften, wobei rein wirtschaftliche Faktoren, wie Kapital und Absatzfähigkeit der gelieferten Kraft, vorausgesetzt werden. Aus dem morphologischen Aufbau des Landes ergibt sich das Gefälle, aus dem Klima Größe und Art der Wasserführung und aus der Lage der Kraftquellen der Standort der die Kraft verbrauchenden Wirtschaftskörper.

Das Süddreieck des afrikanischen Kontinents und der Osten seines mittleren Teils bilden ein Hochland von über 1000 m Meereshöhe. Dieses Plateau senkt sich nicht allmählich zur Meeresküste, sondern bricht unvermittelt in steilen Stufen zur Küste ab. Die Flüsse überwinden diesen Abbruch mit einer von Wasserfällen und Stromschnellen durchsetzten Laufstrecke. Der Wert der Flüsse als Wasserstraße wird zwar dadurch verringert, aber, wie Dove mit Recht betont, gleicht sich dieser Mangel wieder aus. Die Eisenbahnen, die diese Laufstrecke umgehen, finden hier große Energiemengen, die sich für ihren Betrieb verwenden lassen.

Am afrikanischen Hochland hat das tropische Afrika in seinem südlichen Teil und in seinem ganzen Osten Anteil. Die Westseite ist viel flacher und nur hin und wieder von größeren Höhen unterbrochen, somit gegenüber seinen andern Teilen an Gefällsenergie benachteiligt. Den Ausgleich bringt das Klima. Der Westen ist regenreich, die Ostseite trocken. Die Wasserführung der Flüsse im Westen ist bedeutend größer als im Osten. Der Abflußkoeffizient des Niger beträgt etwa 37%, der des Kongo 38% (40). In den trockneren Gebieten wird dieser Faktor durch die starke Verdunstung und die Aufsaugung großer Regenmengen durch den ausgedörrten Boden in seinem Wert herabgesetzt. Neben der Größe der Wasserführung ist auch ihre Art klimatisch bedingt. Von dieser hängt es ab, ob ein Fluß eine gleichmäßige Krafterzeugung zuläßt. Begünstigt sind die Flüsse, die der immerfeuchten Zone angehören oder solche, die eine größere nordsüdliche Erstreckung haben. Ein klassisches Beispiel hierfür bietet der Kongo. Die Flüsse der Savannen- und Steppenzonen erfordern bei ihrer Ausnutzung zur Wasserkraftgewinnung Stauanlagen, die das zur Regenzeit abfließende Wasser aufspeichern.

Die Lage der Kraftquellen ist für den Standort eines industriellen Betriebes nur dann bestimmend, wenn die Wasserkraft direkt zum Betrieb der Maschinen ohne Umwandlung in elektrische Energie benutzt wird. Wird sie erst in Elektrizität verwandelt, so kann diese mit Fernleitungen übermittelt werden.

Im Hinblick auf die Wasserkräfte gehört das tropische Afrika zu den am meisten von der Natur begünstigten Ländern der Erde, aber auch zu denen, die bisher diese schlummernden Kräfte am wenigsten ausgenützt haben, weder zum direkten Betrieb von industriellen Anlagen noch zur Gewinnung von elektrischer Kraft. Eine zahlenmäßige Zusammenstellung der Fabrikanlagen, die ihre Antriebskraft direkt aus dem Wasser erhalten, ist nur schwer möglich. Eine solche wäre auch bei der nicht leichten Zugänglichkeit der ausländischen Literatur sehr lückenhaft geblieben. Ein Beispiel mag aber beweisen, daß die Zahl gering sein muß: von den 31 Kraftginnereien, die 1912 im ehem. Deutsch-Ostafrika liefen, wurden nur zwei mit Wasserkraft betrieben, das sind 6—7%.[1]) Die übrigen erhalten ihre Antriebskraft entweder von Dampfmaschinen oder Ölmotoren. Nach einer Mitteilung Domnicks[2]) hatten die Fabrikanlagen der Pflanzungen in den Bezirken Tanga, Pangani und Wilhelmstal im Jahre 1913 einen Energiebedarf von 2000 PS. Er schätzt die im Pangani-Fluß an den Schnellen enthaltenen absoluten Kraftmengen bei Niedrigwasser auf mindestens 26000 PS, die aber durch Ausnützung der Schnellen, ebenfalls bei Niedrigwasser, auf 35000 PS gesteigert werden könnten. Man geht wohl kaum fehl, wenn man diese Verhältnisse von der vorbildlich erschlossenen deutschen Kolonie auch auf die Kolonien anderer Staaten überträgt.

Die Gewinnung von Elektrizität aus der Wasserkraft im tropischen Afrika steht ebenfalls noch in ihren ersten Anfängen. Genaue Messungen über Wasserführung und Gefällsverhältnisse von Flüssen sind schon angestellt und daran Pläne geknüpft. Bisher sind sie aber noch nicht zur Ausführung gelangt. Dove (40) weist mit Recht darauf hin, daß die Frage der Ausnützung der Wasserkräfte brennend geworden ist. Dies trifft am meisten für die Eisenbahnen zu, denn die geringen Kohlenvorkommen im tropischen Afrika erschweren seine weitere Erschließung durch Schienenwege. Ein anderer zwingender Grund zur Ausnützung der Wasserkräfte ist der Mangel an Arbeitskräften. Tausende von Eingeborenen, die heute Feuerungsholz fällen und tragen, würden für wirtschaftlichere Betätigung frei. Daß man den Ernst dieser Lage würdigt, beweist z. B. die Absicht der belgischen Regierung, die Kongobahnen zu elektrifizieren. Zu dem Zweck will man neuerdings die Fälle des Inkisi, eines linken Nebenflusses des untern Kongo, ausnützen.

Große zentrale hydroelektrische Anlagen fehlen heute dem tropischen Afrika noch ganz. Der Hauptgrund hierfür dürfte darin liegen, daß die Fabriken, die für den Verbrauch in Frage kommen, zu weit verstreut sind und besonders in der noch viel zu geringen Anzahl der vorhandenen industriellen Unternehmungen. Eine große Anlage würde sich jetzt kaum rentieren. Die Fabriken begnügen sich heute mit einer kleinen Kraftzentrale für eigenen Gebrauch. Die Eisenbahnen müßten sich erst auf elektrische Energie umstellen, was einen hohen Kapitalaufwand verschlingt. Holz und Kohle sind für sie vorerst noch bequemere Betriebsmittel.

---

1) Siehe S. 71 ff. 2) Elektrotechnische Zeitschrift 1913, S. 1006.

Auf Mauritius sind vier hydroelektrische Anlagen größeren Umfangs in Betrieb, welche die Städte mit Licht und Kraft versorgen. Daneben haben noch eine Reihe Zuckerfabriken kleinere Anlagen für ihre eignen Zwecke. In der Kenya-Kolonie versorgt eine Zentrale 5 km unterhalb des Zusammenflusses von Chania und Thika Sisalfabriken mit elektrischem Strom; zur Ausnützung der reichen Wasserkräfte in dieser Kolonie hat die East African Power and Lighting Comp. Ltd. von der Regierung Konzessionen bekommen (99, 1922). Die Beschaffung von Holz als Feuerungsmaterial wird hier immer kostspieliger. In Brit. Nyassa-Land liefert die Stauanlage des Mlunguzi-Flusses elektrische Kraft. Die Hauptstadt Zomba hat elektrische Beleuchtung, und die Regierungsdruckerei läuft jetzt elektrisch, wodurch eine große Zahl Arbeitskräfte, die früher Holz für die Dampfmaschinen transportieren mußten, frei geworden sind, wie der amtliche Bericht (99, 1922) eigens erwähnt. Die Mission in Livingstonia im Nordnyassa-Distrikt hat eine hydroelektrische Anlage zum Betrieb ihrer Werkstätten. Wasserkraft kommt in Brit. Nyassa-Land immer mehr bei der landwirtschaftlichen Aufbereitungsindustrie in Gebrauch (99, 1924). Über die Anlage am Flusse Kalule-Sud in Katanga, welche die Zementindustrie mit Kraft versorgt, und die der Goldfelder von Kilo s. unten S. 115 bzw. S. 102. Eine Mission hat Maschinen zur Ausbeute der Wasserkräfte des Rungu in Oberuelle eingeführt (32, 1924, Heft Juni). Die elektrische Wasserkraftanlage im Zinnbergbaugebiet von Nigerien ist S. 106 und die zu Bewässerungszwecken am Senegal bei Kayes errichtete auf S. 80 angeführt. In Abessinien liefert eine hydroelektrische Zentrale am Akaki-Fluß, 30 km von Adis, Licht und Kraft in die Stadt.

Die Lichtanlage am Katumbella-Fluß in Angola, die schon vor dem Krieg gebaut wurde, ist bisher nicht in Tätigkeit getreten. Sie sollte die Lichtversorgung der drei Städte Lobito, Katumbella und Benguella übernehmen; an ihrer Stelle liefern vorerst noch Dampfmaschinen die elektrische Energie in die drei Städte. Verschiedene Konzessionen zur Ausnützung der Wasserkräfte Angolas sind erteilt worden (107, 1925 u. 1922).

Die viel erwähnte Kraftanlage zur Ausnützung der Viktoriafälle des Sambesi besteht bis heute noch nicht. Aus Doves etwas unklaren Ausführungen hierüber wird der unbefangene Leser leicht zu der Annahme gebracht, als ob die Viktoriafälle schon für die Stromlieferung in Frage kämen. Die „Victoria Falls and Transvaal Power Co.", deren Name durchaus irreführend ist, wurde wohl 1906 zu dem Zweck gegründet, die Viktoriafälle auszunützen, und hat eine Konzession an den Fällen erhalten. Dabei ist es aber geblieben. Den großen Kraftbedarf der Minenindustrie in Transvaal deckt die Gesellschaft durch Kraftanlagen in diesem Land selbst, die aber lediglich auf südafrikanischer Kohle beruhen. Um Elektrizität vom Sambesi zum Rand zu leiten, wäre ein Kabel von 1120 km Länge nötig, was technisch allerdings keine Schwierigkeiten bereitet.

Neben den oben angeführten hydroelektrischen Anlagen mögen noch eine Reihe kleinerer im tropischen Afrika in Betrieb sein.

3. Arbeiterverhältnisse.

Die Arbeiterfrage spielt in den afrikanischen Tropen eine entscheidende Rolle für das Wirtschaftsleben. Sie ist hier nicht, wie in den Industrieländern, im wesentlichen eine soziale Frage, sondern eine solche der Versorgung der wirtschaftlichen Unternehmungen mit den nötigen eingeborenen Arbeitskräften. Die Unternehmungen haben im allgemeinen unter Arbeitermangel zu leiden.

Dieser Mangel rührt nicht etwa von der dünnen Besiedlung her. Für einzelne Gebiete mag dies zutreffen, z. B. für Oberkatanga, wo sich die Kupferindustrie von weither Arbeiter beschaffen muß; dagegen haben manche Landstriche eine geradezu europäische Bevölkerungsdichte, wie am Tanganjika- und Viktoria-See oder in Nigerien. Dove (39) weist richtig darauf hin, daß der Arbeiterbedarf der heute in den afrikanischen Tropen tätigen Unternehmungen durch die vorhandene Bevölkerung vollauf befriedigt werden kann. Aus einer interessanten Berechnung G. Hartmanns (132, 1912), der die Zahlenwerte vorsichtig eingesetzt hat, ergibt sich, daß in den ehemaligen deutschen Kolonien Ostafrika, Kamerun und Togo nach Abzug der im Dienst der Weißen stehenden und dafür weiterhin nötigen Eingeborenen noch etwa 130000 Arbeitskräfte ungenützt bleiben.

Der Arbeitermangel hat andere Ursachen. Grundlegend ist der im allgemeinen niedrige Kulturzustand des Negers.[1]) Seine Bedürfnisse sind einfach, seine Lebenshaltung ist niedrig. Die tropische Natur verlangt von ihm nur wenig Arbeitsaufwand, um sich in den Besitz der zum Leben notwendigen Güter zu setzen. Deshalb ist für den Eingeborenen der Anreiz zu freiwilliger Arbeitsleistung im Dienst des Europäers nur gering. Es ist Aufgabe des weißen Mannes, ihn allmählich zur regelmäßigen Arbeit zu erziehen. Vorläufig wird er eines gewissen Zwanges nicht entraten können.

---

1) Es gibt hier allerdings große Kulturunterschiede zwischen den Bantus und den Negervölkern an der Küste von Oberguinea und im Sudan.

Der Arbeitermangel wird gemildert durch ein Wanderarbeitertum, das sich an vielen Stellen des tropischen Afrika herausgebildet hat. Eine weitere Ausgestaltung dieses Systems hängt nicht zum wenigsten vom Ausbau der Eisenbahnen ab. Die Arbeitskräfte aus vielen volkreichen Distrikten, wie in Belg. Kongo, können bisher nicht genutzt werden, weil sie noch nicht erschlossen sind. Die Wanderarbeit erfährt eine Einschränkung durch den starken Familiensinn des Negers. Er entfernt sich nur ungern auf größere Strecken und längere Zeit von seiner Familie. Einer Übersiedlung des Arbeiters mit Weib und Kind zur Arbeitsstelle stehen meist zu hohe Kosten entgegen. Arbeitskräfte aus außerafrikanischen Ländern werden bisher nur in Ostafrika verwendet. Die Zuckerrohrkultur ist auf den Inseln des Indischen Ozeans und in Natal in ihrem heutigen Umfang erst durch den indischen Kuli ermöglicht worden. In den anderen Kolonien führt man indische Arbeiter nicht ein, um Rassengegensätze zu verhüten, wie sie sich z. B. in der Kenya-Kolonie in den letzten Jahren herausgebildet haben, wo sich Europäer, Inder und Neger gegenüberstehen. Im übrigen ist der Neger körperlich viel leistungsfähiger als der Inder.

Mit der Arbeiterfrage eng verknüpft ist die Frage, ob für das tropische Afrika die Eingeborenen- oder die Plantagenkultur vorzuziehen ist, was ja auch für die landwirtschaftliche Industrie, besonders für ihren Standort, eine gewisse Bedeutung hat. Sie ist weder nach der einen noch nach der andern Seite zu entscheiden. Beide Formen bestehen heute nebeneinander. In Westafrika hat sich eine blühende Kakaokultur an der Goldküste und in Nigerien entwickelt, die ganz von Eingeborenen im kleinen betrieben wird, während in den benachbarten Kolonien, in Kamerun und auf der Insel St. Thomé, die Kakaokultur in Händen der Europäer liegt. Gewisse Kulturen scheinen sich jedoch mehr für die Eingeborenen zu eignen, wie der Baumwollanbau; bei andern ist nur die europäische Großform möglich, wie bei der Sisalkultur. Man darf auch wohl sagen, daß in dicht besiedelten Gebieten mit einer kulturell höher stehenden Bevölkerung, wo sich schon Kleinkulturen entwickelt haben, wie in Nigerien, der Plantagenbau kaum eine Entwicklungsmöglichkeit hat. Die Kleinkultur hält hier alle Arbeitskräfte gebunden. Die Einführung eines plantagenmäßigen Anbaues von Baumwolle in Nigerien hat sich als ein Fehlschlag erwiesen. Die Plantage ist aber schon wegen der erzieherischen Wirkung, die sie auf den Eingeborenen ausübt, notwendig. Viele wirtschaftliche Möglichkeiten in den Kolonien blieben unausgenützt, wenn nicht hier die kapitalkräftige europäische Unternehmung einsetzte.

Eine besondere Seite hat die Arbeiterfrage für die industriellen Unternehmungen. Wie schon oben erwähnt, liegt dem Neger, der von Haus aus Landbau treibt, die Fabrikarbeit nicht. Sie erfordert von ihm eine regelmäßige Tätigkeit. Zu den Arbeitsverrichtungen an den Maschinen, besonders wenn sie etwas verwickelter Natur sind, bedarf es einer systematischen Schulung. Nach den Erfahrungen in Missions- und Eisenbahnwerkstätten scheint der Neger allerdings im allgemeinen für mechanische Verrichtungen eine schnelle Auffassung und eine gewisse Geschicklichkeit zu besitzen (16, S. 332). Nach den amtlichen Berichten von Uganda (99, 1920 u. 1922) werden fast sämtliche Automobile, die in dieser Kolonie schon zahlreich vorhanden sind, von Schwarzen gelenkt; ihr Geschick für diese Tätigkeit wird hier besonders hervorgehoben. Nach Ormsby-Gore[1]) haben die Erfahrungen gezeigt, daß die Eingeborenen sich schnell Geschicklichkeit in mechanischen Verrichtungen aneignen, und daß sie Industriearbeiter von hoher Qualität werden können.

Vorläufig jedoch ist der Europäer noch gezwungen, trotz aller klimatischen Hemmungen bei Arbeitsverrichtungen in Fabriken und an Maschinen selbst Hand anzulegen.

Für den Bergbau ist der Eingeborene durchaus geeignet, nur zeigt er eine gewisse Scheu vor der Arbeit unter Tag.

Bei der Schwierigkeit der Arbeiterbeschaffung ist das tropische Afrika zur Anwendung menschenkraftsparender Maschinen geradezu prädestiniert und die Industrialisierung eine Notwendigkeit.

4. Verkehrswege und Verkehrsmittel.

Dem tropischen Afrika stehen hauptsächlich drei Verkehrswege und -mittel zu Gebote, der Träger, Flüsse und Seen und die Eisenbahn; dazu kommt als viertes modernstes das Automobil. Das Tier als Last- und Zugtier tritt ganz zurück, da es — abgesehen von einzelnen hochgelegenen Gebieten — von der Tsetsefliege und andern Schädlingen ernstlich bedroht ist.

Heute liegen noch Tausende von Arbeitskräften im tropischen Afrika unwirtschaftlich im Trägerdienst gebunden, besonders in den Gegenden, die über kein anderes Beförderungsmittel verfügen. Der Träger kommt besonders in Frage zur Beförderung hochwertiger Güter, er scheidet daher für den Abtransport der von der Industrie hergestellten Massengüter aus; dagegen wird er noch viel zum Antransport in die Fabriken verwandt. Dies trifft vornehmlich für die

1) Ormsby-Gore, W., The economic development of tropical Africa and its effect on the native population. Geogr. Journ. LXVIII S. 248.

Gebiete mit Kleinkulturen zu. In Uganda trägt der Eingeborene auch auf größere Strecken die Saatbaumwolle zum Marktplatz, von dem sie zum Entkernen in die Ginnereien wandert. Auch die Früchte der Ölpalme werden oft noch mit Menschenkraft in die Palmölfabriken befördert.

Die Wasserwege, Flüsse und Seen sind in ihrer Bedeutung für die Verkehrserschließung beschränkt. Infolge des morphologischen Aufbaus des Landes ist die Schiffbarkeit der Flüsse auf weite Strecken durch Stromschnellen und Wasserfälle unterbrochen. Der Kongo und seine Nebenflüsse, das größte Stromsystem des Kontinents, das durch die Regelmäßigkeit seiner Wasserführung und seinen Wasserreichtum besonders begünstigt ist und innerhalb des Beckens eine befahrbare Länge von 15000 km besitzt, verliert seine Schiffbarkeit kurz vor seiner Mündung. Nur wenige leistungsfähige Wasserstraßen, wie Niger-Benue und Sambesi, dringen mit ununterbrochener Schiffbarkeit tiefer in den Kontinent ein und verbinden das Binnenland mit dem Ozean. Die großen Seen liegen binnenwärts. Ihre verkehrsgeographische Bedeutung beruht mehr auf ihrer „Sammelbeckennatur“. Verkehrsabfluß zum Meer erhalten sie erst durch die Eisenbahn.

Bei den Mängeln, die dem Träger- und Wasserverkehr anhaften, tritt die Eisenbahn für das tropische Afrika als wichtigstes Verkehrsmittel in den Vordergrund. Ihr Ausbau ist entscheidend für die Weiterentwicklung der gesamten Wirtschaft, also auch der Industrie. Damit wird es dieser ermöglicht, von der Küste ins Binnenland vorzustoßen, um auch hier die Naturschätze auszubeuten. Den prägnantesten Fall liefert wohl die Kupferindustrie Katangas, deren Dasein erst durch den Ausbau der nordrhodesischen Bahn möglich war.

Die afrikanisch-tropischen Eisenbahnen stehen noch vollkommen im Stadium der Kolonialbahnen. Ihre Aufgabe ist es, Binnengebiete mit dem Ozean in Verbindung zu bringen. Schmalspurig dringen sie von der Küste ins Innere vor, noch nirgendwo haben sie sich zu einem Netz verdichtet. Ausgedehnte Gebiete in dem weiträumigen Kontinent sind noch unerschlossen, z. B. große Teile des Sudan und des Kongobeckens.

Die Eisenbahnen erfüllen noch eine zweite Aufgabe. Als Flußumgehungsbahnen suchen sie den Mangel der unbefahrbaren Laufstrecke eines schiffbaren Flusses auszugleichen. Das klassische Beispiel hierfür bietet der Kongo. Seine drei Umgehungsbahnen schaffen eine Verbindung Katangas mit dem Atlantischen Ozean. Die Wirtschaftlichkeit solcher Verkehrswege wird allerdings durch das häufige Umladen stark herabgemindert.

Das vierte Verkehrsmittel, das Automobil, ist erst im letzten Jahrzehnt im tropischen Afrika zur vermehrten Anwendung gelangt. Es hat sich auch in den Dienst der Industrie gestellt. Man findet den Kraftwagen heute in allen Kolonien mehr oder minder zahlreich vor, auch auf größere Strecken und für regelmäßigen Verkehr kommt er heute schon in Anwendung. Es gibt bereits mehrere tausend Kilometer guter Automobilstraßen, die einen geregelten Kraftwagenverkehr ermöglichen. Daneben sind noch eine große Anzahl zwar nicht ausgebauter, aber zur Trockenzeit für Automobile befahrbarer Wege vorhanden.

Es wäre interessant zu untersuchen, wieweit heute schon das Automobil in den afrikanischen Tropen als Verkehrsmittel verwendet wird, wie es sich der geographischen Umwelt anpaßt, und eine Karte der Automobilstraßen und -wege zu zeichnen.

III. Standort.

Der Standort der afrikanisch-tropischen Industrien ist überwiegend von natürlichen Bedingungen abhängig. Das ergibt sich aus der geringen Erschlossenheit des Landes. Gerade bei unberührten Landschaften kann man von einer gewissen „Preisgegebenheit" der Industrie, wie überhaupt der gesamten Wirtschaft, der geographischen Umwelt gegenüber sprechen. Die junge Industrie hat gegen manchmal übermächtige Natureinflüsse zu kämpfen. In der Überwindung ungünstiger Naturfaktoren und in der Anpassung an die günstigen erschöpft sich ein großer Teil ihrer Kraft. Deshalb ist eine Preisentwicklung auf dem Weltmarkt, die ihr ausreichenden Gewinn sichert, eine notwendige Voraussetzung, und ein ungünstiger Preisstand bedroht sie viel mehr als das gewerbtätige Leben in hochentwickelten Industrieländern. Letzteres kann seine ganze Stoßkraft auf wirtschaftliche Dinge richten, auf gewinnbringenden Absatz. Es stehen ihm ohne weiteres alle Mittel zur Verfügung, leistungsfähige und billige Kraftquellen, ausgebaute Verkehrswege und zahlreiche Verkehrsmittel, reichliche und geübte Arbeitskräfte, die sich die Industrie in tropischen Ländern erst schaffen muß. Der Standort der Fabrik entwickelter Länder ist viel mehr durch rein wirtschaftliche oder rechtliche Momente bedingt und seine Untersuchung weniger Aufgabe des Geographen als die des Volkswirtschaftlers.

Man kann bei der afrikanisch-tropischen Industrie, da sie überwiegend aufbereitet, also das erste Stadium industrieller Entwicklung darstellt, einen weiteren Standort, den rohstofforientierten, und einen engeren Standort, den nach örtlichen Bedingungen orientierten, unterscheiden. Wo diese beiden Komponenten sich kreuzen, liegt die Fabrik. Die offene Landschaft, Savanne und Steppe, das Anbaugebiet für Baumwolle z. B., ist der weitere Standort. Das lokale Vorhandensein von intensivem Anbau, von Kraftquellen und Verkehrswegen, dichter Bevölkerung usw. wäre der engere Standort. Bei der bergbaulichen Industrie ist natürlich, abgesehen von der klimatisch bedingten Mineralbildung, wie die des Salzes, der weitere Standort unabhängig von geographischen Faktoren, der engere wieder abhängig davon. Fertigindustrien, die sich in geringem Umfang im tropischen Afrika schon finden, sind, ähnlich wie in Ländern der gemäßigten Zone, in ihrem Standort mehr durch wirtschaftliche Faktoren bedingt. Weil rohstofforientiert, sind die Industrien in den afrikanischen Tropen örtlich sehr zerstreut. Eine Zusammenballung mehrerer Industrien an einem Ort gibt es hier nicht, vielleicht mit Ausnahme von Katanga.

IV. Die landwirtschaftlichen Aufbereitungsindustrien.

1. Die Palmölindustrie.

Schon seit längerer Zeit spielen die beiden Erzeugnisse der afrikanischen Ölpalme, Palmöl und Palmkernöl, als Fettstofflieferer auf dem Weltmarkt eine bedeutende Rolle. In den letzten Jahren vor dem Weltkrieg schickte das tropische Westafrika alljährlich etwa 325000 t Palmkerne und rund 125000 t Palmöl nach Europa, 1924 schon rund 425000 t bzw. rund 165000 t. Um welche bedeutenden Mengen es sich hierbei handelt, zeigt der Vergleich mit der Kokospalme. Preuß (95) schätzte in der Vorkriegszeit die gesamte Weltausfuhr an Kopra und Kokosöl auf mehr als 500000 bzw. 70000 t. Stellt man den Ölgehalt von Palmkernen und Kopra in Rechnung, so ergibt sich, daß die Ölpalme damals schon fast 75% an Fettstoffen lieferte im Verhältnis zu der für die Fettversorgung der Welt so wichtigen Kokospalme.

Die Erzeugnisse der Ölpalme finden ihre Verwendung hauptsächlich in der Seifen- und Kerzenindustrie. Aber seitdem es der Technik gelungen ist, aus Pflanzenölen ein reines Speisefett herzustellen, haben Palm- und Palmkernöl in der Margarineindustrie immer mehr Eingang gefunden. Sie gehören heute zu den größten Rohstofflieferern dieser Industrie. Mit der Ausdehnung der Margarineindustrie nach dem Krieg ist die Nachfrage nach den Erzeugnissen der Ölpalme immer mehr gewachsen, so daß diese Aussicht haben, in den nächsten Jahrzehnten die führende Rolle in der Versorgung der Welt mit Fettstoffen zu spielen. Es hat sich außerdem herausgestellt, daß die

Kultur der Ölpalme wirtschaftlicher ist und größere Erträge abwirft als die der Kokospalme. Die Kokospalme liefert rd. 680 kg Öl pro ha, die Ölpalme rd. 1425 kg.[1]) Noch harren im tropischen Afrika ungeheure Reichtümer an Ölpalmen ihrer Erschließung.

Einen zweiten starken Ansporn wird die Ölpalmkultur durch eine neue technische Verwendungsmöglichkeit des Palmöls finden, und zwar als Betriebsstoff für Ölmotoren. Der Bedarf an solchem ist unbegrenzt, und sein Verbrauch wächst von Jahr zu Jahr. Da die mineralischen Öle immer knapper werden, muß die Technik auf die pflanzlichen Öle zurückgreifen. Unter diesen wird Palmöl an erster Stelle stehen. Schon 1900 wurde von der französischen Regierung festgestellt, daß z. B. Erdnußöl für Dieselmotoren gut verwendbar ist. Die Versuche sind aber nicht fortgesetzt worden. In neuerer Zeit haben die Engländer sie mit gutem Erfolg wieder aufgenommen, indem sie Palmöl verwendeten.[2]) Welche Bedeutung man diesen Versuchen beimißt, zeigen ein Preisausschreiben des belgischen Kolonialministeriums im Jahr 1920 (26, 1921, S. 379) und die erfolgreichen Versuche belgischer Ingenieure (5, 18th. ed.). Diese Verwendungsmöglichkeit des Palmöls würde auch für die weitere Erschließung des tropischen Afrika als seines Produktionsortes von weittragender Bedeutung sein, besonders als Kraftquelle der Aufbereitungsindustrien und für die Entwicklung des Kraftwagenverkehrs, der durch den eingeführten Betriebsstoff sehr verteuert ist. Nach einer Notiz (26, 1921, S. 611) wird Palmölfeuerung mit befriedigenden Ergebnissen von einzelnen Gesellschaften auf dem Kongo zum Betrieb von Dampfern und Schleppern verwendet. Es scheint sich hierbei allerdings um direkte Ölfeuerung zu handeln an Stelle oder zugleich mit Holz.

Die vielfache Verwendungsmöglichkeit des Palm- und Palmkernöls und die starke Nachfrage nach diesen Erzeugnissen hat ähnlich wie bei der Kopra den Preis hierfür in den letzten zehn Jahren vor dem Krieg verdoppelt.

Vor dem Kriege war Deutschland der Hauptabnehmer von Palmkernen. Von den 325000 t Weltproduktion importierte Deutschland allein rund 235000 t, also über $\frac{2}{3}$. 50000 t Palmkernöl führte es wieder nach England aus. Die Absperrung Deutschlands im Krieg und Prohibitivzölle der Engländer ließen eine englische Palmkernöl- und

1) Letztere Zahl ist vorsichtigerweise sehr niedrig angenommen (76, 1921, 1).

2) Über zufriedenstellende Versuche an der Goldküste, Palmöl als Betriebsstoff für Dieselmotoren zu verwenden, vgl. auch (26. 1922, S. 499). Über ähnliche Versuche auch (32. 1921, tome I, S. 109 und S. 449ff., II, S. 120ff. und S. 781).

Margarine-Industrie hochkommen, so daß heute England selbst einen großen Teil der Palmkernproduktion Westafrikas verarbeitet.

Die von der Statistik erfaßten Ausfuhrzahlen für Palmöl und Palmkerne bleiben weit hinter den im tropischen Afrika in Wirklichkeit erzeugten Mengen an Ölpalmprodukten zurück. Bei Palmkernen mögen die Ausfuhrwerte noch angenähert die Produktionswerte ergeben. Der Eingeborene benutzt Palmkerne fast ausschließlich als Gegenstand des Austausches. Palmkernöl stellt er nur selten her. Palmöl dagegen, das aus dem frischen Fruchtfleisch der Ölpalme gewonnen wird, ist eines seiner Hauptnahrungsmittel und auch sonst im Eingeborenenhaushalt ein viel verwendeter Stoff. Nach Bücher und Fickendey (25, S. 31) übertreffen die in den Erzeugungsländern verbrauchten Mengen Palmöl zweifellos die ausgeführten Mengen um ein Vielfaches. Nach in Nigerien angestellten Berechnungen beträgt in Südnigerien, das die größten Mengen von Ölpalmprodukten auf den Markt bringt, der Verbrauch an Palmöl auf den Kopf der Eingeborenen 9—36 l, und zwar als Nahrungsmittel, in zwei Distrikten dieses Landes sogar 90 bzw. 126 l. Stellt man hierbei in Rechnung, daß Südnigerien zu den am dichtesten bevölkerten Ländern Westafrikas gehört und eine Dichtezahl von etwa 44,5 besitzt, so kann man ermessen, welch hohe Beträge die Ölpalme alljährlich abwirft. Nach Clifford, dem früheren Gouverneur von Nigerien, produzierte Nigerien 1923: 80000 t Palmöl für den Export und ca. 120000 t für den Lokalverbrauch (27, 1924, Heft Aug./Sept.).

a) Botanisches. Verbreitung.

Die Ölpalme (Elaeis guineensis), die der Familie der Palmen angehört, ist eine Fiederpalme mit langem, schlankem Stamm, sie erreicht eine Höhe von 15—30 m. Der Durchmesser des Stammes ist durchschnittlich 20—25 cm, die Krone weist in der Regel 20—25 Blätter auf. Die gelben bis dunkelbraunen Früchte sitzen im ovalen Fruchtkolben meist am oberen Ende des Stammes. Die Früchte erreichen zur Erntezeit etwa Pflaumengröße. Eine äußere, faserhaltige Fruchtfleischschicht, aus der das Palmöl gewonnen wird, umhüllt eine innere Nuß. Diese setzt sich aus einer harten Schale und einem oder zwei inneren Samen, den Palmkernen des Handels, zusammen. Aus den Palmkernen gewinnt man das Palmkernöl. Größe und Gewicht der Frucht, der Nuß und des Kerns sowie der Ölgehalt von Fleischhülle und Kernen schwanken beträchtlich. Diese Schwankung ist eine Folge der zahlreichen Varietäten der Elaeis, vor allem aber des Klimas und der Witterung. Das Gewicht der Früchte ist z. B. in feuchten Gebieten größer als in trockneren. Nach Bücher und Fickendey (25, S. 10) ist das Durchschnittsgewicht eines Fruchtkolbens im feuchten Kameruner Küstengebiet 10 kg, die Zahl der Einzelfrüchte etwa 1000. Für die Kultur der Ölpalme, besonders aber für ihre Aufbereitungsindustrie, sind diese Verschiedenheiten von Bedeutung.

Das Hauptverbreitungsgebiet der Ölpalme und sehr wahrscheinlich auch ihre Heimat ist das tropische West- und Mittelafrika. Ihr Vorkommen in Südamerika scheint durch die von Afrika dorthin eingeführten Negersklaven begründet zu sein. Neuerdings entwickelt sich auch, von Afrika dorthin übertragen, eine Ölpalmkultur und daran anschließende Industrie in Niederländisch-Indien. Ihre Daseinsbedingungen findet die Ölpalme in den feuchten und warmen Gebieten des tropischen Afrika, im immerfeuchten Regenwald und in der Savanne. Wegen der Trockenheit kommt sie auf der Steppe und wegen der zunehmenden Kälte in Höhen über 1700 m nicht mehr vor.

Die Ölpalme gehört also ausschließlich der westlichen und zentralen Vegetationszone des tropischen Afrika an. Nach der von Bücher und Fickendey (25) verbesserten, von H. Schad (132, 1914) gezeichneten Grenzlinie der Verbreitung der Ölpalme im tropischen Afrika verläuft diese im Norden an der Küste von 13° n. Br. im wesentlichen südostwärts bis in die Gegend zwischen Albert-Eduard- und Albertsee unter 3° n. Br. Im Osten zieht sie sich südwärts am Ostufer des Tanganjika-Sees entlang bis etwa nach Kotakota am Westufer des Nyassa-Sees, biegt hier gegen Westen um und verläuft in einem Bogen etwa auf dem 10° s. Br. Das Verbreitungsgebiet fällt also im wesentlichen mit der afrikanischen Urwald- und Savannenzone zusammen. Damit ist auch im großen der Standort der Palmölindustrie festgelegt, die sich, wie wir später sehen, nicht weit vom Standort der Ölpalme entfernen darf.

Nach Bücher und Fickendey (25, S. 34) findet in der unberührten Landschaft die Ölpalme ihre günstigsten Daseinsbedingungen in den Übergangslandschaften zwischen Regenwald und Steppe, also in der Savanne, da der immergrüne Regenwald ihrem Lichtbedürfnis nicht genügt. Wenn nun die reichsten Bestände an Ölpalmen längs der afrikanischen Westküste von Sierra Leone bis Gabun innerhalb der Urwaldzone vorkommen, so führen das die beiden Verfasser auf den durch Menschenhand geschaffenen sekundären Urwald zurück.[1])

---

1) Es scheint mir zweifelhaft, daß die reichen Bestände im Urwald im wesentlichen auf die Eingriffe des Menschen zurückzuführen sind, wenn man bedenkt, welche große Hindernisse der Urwald dem Menschen bei seinem Vordringen entgegensetzt, selbst wenn man berücksichtigt, daß das tropische Afrika früher dichter besiedelt war.

Die Verbreitung der Ölpalme in den einzelnen Gebieten der afrikanischen Tropen ist behandelt bei H. Schad (132, 1914), Bücher und Fickendey (25) und „The African palmoil industry" (26, 1909).

b) Aufbereitung der Ölpalmfrüchte. Die Ölindustrie.

Die überaus große Nachfrage nach den Erzeugnissen der Ölpalme auf dem Weltmarkt zur Befriedigung des Fettbedarfs in den letzten Jahrzehnten hat die Frage der Intensivierung der Ölpalmausbeute immer mehr in den Vordergrund gerückt. Heute wird erst ein geringer Bruchteil der ausgedehnten Bestände ausgenutzt, eine Folge der auch heute noch mangelhaften wirtschaftlichen Erschließung des tropischen Afrika. Wo die Ölpalme von den Eingeborenen nutzbar gemacht ist, geschieht es meistens noch im Raubbau. Dieser erstreckt sich nicht nur auf das Ernten der Früchte, sondern auch auf die Aufbereitung. Ein großer Teil des Palmöls geht bei der einfachen Herstellungsart der Eingeborenen verloren. Viel Menschenkraft wird verschwendet.

Die Frage der Bewirtschaftung der Ölpalme löst sich in zwei Einzelfragen auf; erstens in die ihres Anbaues und eines wirtschaftlichen Erntens der Früchte — also eine rein landwirtschaftliche Frage — und zweitens in die der wirtschaftlichen Aufbereitung — also eine rein industrielle.

Die Untersuchung der geographischen Grundlagen des Ölpalmanbaues fällt nicht in den Rahmen dieser Arbeit. Eine solche Untersuchung erübrigt sich um so mehr, als sich heute die moderne Palmölindustrie in Afrika im wesentlichen nicht auf die Früchte der angebauten, sondern auf die der wildwachsenden Palme stützt.

Man kann jetzt schon von einer modernen Palmölindustrie des tropischen Afrika reden; allerdings steht sie noch im Anfangsstadium. Es handelt sich erst um einige 30—40 moderne Palmölfabriken. Die technischen Vorbedingungen jedoch sind gelöst. Das Kapital ist bereit, da sich ihm hier eine große Verdienstmöglichkeit bietet. Es bleiben in der Hauptsache noch Schwierigkeiten rein geographischer Natur, wie Verkehrs- und Arbeiterfrage. Diese betreffen aber auch alle andern afrikanisch-tropischen Industrien und lassen sich erst langsam mit der allmählichen wirtschaftlichen Erschließung des Landes beheben.

Welche Mengen Palmöl und Palmkerne die in Afrika schon vorhandenen Ölfabriken alljährlich hervorbringen, läßt sich im gesamten noch nicht feststellen. Durch die Zahlenangabe der Produktion könnte man sich das beste Bild von der heutigen Leistungsfähigkeit dieser Industrie machen. Nur von einigen deutschen Fabriken und dem großen Ölunternehmen der Brüder Lever im belgischen Kongo sind Zahlenangaben bekannt. Die Statistik gibt sonst die Exportzahlen, die also die Produktion der Eingeborenen und Europäer zusammenfassen. Überwiegend liegt aber noch die Produktion in Händen der Eingeborenen.

Um die Notwendigkeit zur Entwicklung der Palmölindustrie zu erkennen, ist es erforderlich, hier auf die Aufbereitungsart der Eingeborenen einzugehen.

c) Aufbereitung durch die Eingeborenen.

Bei der Verarbeitung der Ölpalmfrüchte entstehen zwei Erzeugnisse, das Palmöl und die Palmkerne. Es handelt sich bei der Aufbereitung also um zwei Vorgänge:

1. Um die Gewinnung des Palmöls durch Pressen der äußeren Fruchthülle.

2. Um die Gewinnung der Palmkerne durch Knacken der harten Palmnußschale.

Die Palmkerne werden erst in Europa weiter verarbeitet und daraus Palmkernöl erzielt.

Die Eingeborenen haben zwei Verfahren zur Herstellung des Palmöls, die, von einzelnen kleineren Abweichungen abgesehen, im ganzen tropischen Afrika angewandt werden. Verschieden ist die Lockerung des harten, zähen Fruchtfleisches, das zwischen seinen Fasern das Öl aufgespeichert hält. Nachdem die einzelnen Früchte aus den Fruchtkolben entfernt sind, werden sie entweder in großen eisernen Kesseln und Pfannen gekocht oder gedämpft, oder der Eingeborene überläßt die Früchte in einer Grube einer mehrwöchentlichen Rottung. Hat sich das Fruchtfleisch durch Kochen oder Rotten gelockert, so stampft er unter Zugabe von Wasser die Masse in großen Behältern, bis sich das Fleisch von den Nüssen löst, knetet und preßt die ölhaltigen Fasern mit den Händen. Das Öl schwimmt nachher oben und wird abgeschöpft.

Die Nüsse befreit der Eingeborene von dem ihnen noch anhaftenden Fett, trocknet und verwahrt sie gewissermaßen als Sparkasse. Wenn er irgendeine europäische Ware kaufen will, knackt er die Nüsse und tauscht mit den Kernen Ware ein. Während der Mann nur die Früchte pflückt, ist die ganze Aufbereitung Arbeit der Frauen und Kinder.

Diesem Verfahren haften drei große Mängel an, die es vom Standpunkt der Weltwirtschaft als sehr unwirtschaftlich erscheinen lassen und eine Industrialisierung dieses Erwerbszweiges geradezu herausfordern. Die Mängel ergeben sich aus der im allgemeinen geringen Güte des von den Eingeborenen bereiteten Palmöls, aus der geringen Ausbeute an Fettstoff und aus der Verschwendung von Arbeitskräften.

Die Güte des Öls ist abhängig von seinem Gehalt an Fettsäure. Je niedriger der Prozentsatz, um so wertvoller das Öl, um so höher auch der hierfür erzielte Preis. Das nach Eingeborenenart gewonnene Öl, besonders im Rottungsverfahren, ist sehr fettsäurereich, durchschnittlich 30%ig. Die Fettsäurebildung, die durch Enzyme im Fruchtfleisch hervorgerufen wird, ist begünstigt durch zu langes Aufbewahren bei der Rottung, durch Verletzungen der Früchte und Verwendung von Wasser bei der Aufbereitung.

Der Eingeborene bereitet mit der Hand auf. Der Ertrag an Palmöl aus der Frucht beträgt 7—12% je nach dem Ölgehalt der Früchte und der besonderen Arbeitsweise (25, S. 76). Die modernen Fabriken erzielen dagegen 15—20% (25, S. 83).

Der wirtschaftsgeographisch wohl wichtigste Grund, der zur Ersetzung der Eingeborenen-Methode durch maschinelle Betriebe drängt, liegt in dem dritten Mangel, der Verschwendung der im tropischen Afrika so kostbaren Arbeitskraft, die zu wertvoll ist, um die Herstellung eines Massengutes der bloßen Handarbeit zu überlassen. Nach Büchers und Fickendeys vorsichtiger Berechnung (25, S. 100) sind zur Tagesproduktion von 1000 kg Palmöl 500 eingeborene Arbeiter nötig. Die Tageserzeugung von Palmöl in einer modernen Fabrik mit 14 Arbeitern beläuft sich bei der niedrig angesetzten Tagesverarbeitung von 13 t frischer Früchte und einem geringen Ausbeuteverhältnis von 15% auf 2000 kg. Diese Zahlen führen deutlich vor Augen, wieviel wertvolle Arbeitskräfte in den afrikanischen Ölpalmgebieten heute noch, wo die Erzeugung von Palmöl und Kernen überwiegend Sache der Eingeborenen ist, in diesem Erwerbszweig unwirtschaftlich gebunden liegen. Das Knacken der Nüsse mit der Hand ist in die Berechnung nicht mit einbezogen.

Die Versuche europäischer Unternehmer, nach Eingeborenenart Palmöl herzustellen, haben sich als unrentabel erwiesen.[1]) In den letzten Jahren hat man versucht, durch besonders konstruierte Handpreß- und Knackmaschinen dem Eingeborenen die Aufbereitung der

1) Im belg. Kongo gibt es heute eine Reihe Faktoreien, welche die Eingeborenen unter ihrer Aufsicht und für ihre Rechnung zum Teil mit Handpressen Palmöl herstellen lassen. Diesem Verfahren haften aber meist noch die Mängel der Eingeborenenproduktion an, und es kann höchstens als Propagandamittel dienen (32, 1925 Nr. 3).

Früchte zu erleichtern. Da der Neger nicht das erforderliche Kapital besitzt, um diese Maschinen zu kaufen, stellt der Weiße sie intelligenten Eingeborenen leihweise zur Verfügung. In verschiedenen Kolonien Westafrikas sind sie eingeführt, ob mit Erfolg, läßt sich nicht beurteilen, da in der Literatur widersprechende Urteile hierüber vorliegen. Man darf sie aber jedenfalls nur als Aushilfsmaßnahmen ansehen, bis sich die Zahl der Fabriken soweit vermehrt hat, daß die moderne fabrikmäßige Erzeugung die ausschlaggebende Rolle spielen kann. Dagegen hat sich die Aufstellung von Dampfknackmaschinen, besonders in Nigerien, als vorteilhaft herausgestellt.

d) Die fabrikmäßige Aufbereitung.

Außer der großen Nachfrage auf dem Weltmarkt haben zwei Gründe in Afrika eine moderne Palmölindustrie ins Leben gerufen: einmal lassen die dem Eingeborenenverfahren anhaftenden Mängel es als ausgeschlossen erscheinen, dieses primitive Verfahren irgendwie zu intensivieren; der Hauptansporn liegt aber darin, daß die in beschränkter Anzahl vorhandenen eingeborenen Arbeitskräfte nur einen Bruchteil der afrikanischen wilden Ölpalmbestände dem Weltmarkt dienstbar machen können, geschweige denn die Ölpalme noch kultivieren.

Bestrebungen, die Ölpalmfrüchte maschinell aufzubereiten, liegen schon im vorigen Jahrhundert vor. Hübbe-Schleiden (69, S. 61) berichtet aus den 70er Jahren von „Anfängen von Industriegebäuden für Maschinerien zur rationellen Herstellung von Landesprodukten" in Gabun. Er erwähnt interessante Versuche, die man dort mit einer Preßmaschine zur leichteren Gewinnung und reineren Bereitung des Palmöls angestellt hat. Nach einer Notiz in der Autorité Financière vom 5. 10. 1913 hat ein gewisser Adrien Allet von 1889—1894 eine Fabrik zur Gewinnung von Palmöl auf Mateba im Kongo betrieben. In beiden Fällen ist aber nur mit einfachen Ölpressen gearbeitet worden. Von einer modernen Palmölindustrie konnte man erst sprechen, seit es der Technik, im besondern der deutschen, im ersten Jahrzehnt dieses Jahrhunderts gelungen war, besondere Maschinen zur Gewinnung des Palmöls und zum Knacken der Nüsse zu konstruieren. Soskin[1]) charakterisiert ganz treffend die Bedeutung dieser Erfindung, wenn er sagt: „Bei keiner Nutzpflanze war die Aufnahme der Kultur derart von der Schaffung rationeller Ernte-Aufbereitungsmaschinen ab-

1) Die Ölpalme, ein Beitrag zu ihrer Kultur. Ostafrikanischer Pflanzer I, Nr. 22.

hängig wie bei der Ölpalme. Während im allgemeinen die Kultur einer Nutzpflanze die Erfindung und den Ausbau von Maschinen und Geräte zur Folge hat, sah man sich bei der Kultur der Ölpalme gezwungen, zunächst zweckmäßige Maschinen bauen zu lassen, bevor man diese Kultur zur Aufnahme empfehlen konnte."

Da es nicht Aufgabe dieser Arbeit ist, auf technische Einzelheiten einzugehen, seien nur einige grundlegende Bemerkungen über die Technik gemacht. Die verschiedenen Maschinen und Fabrikationsvorgänge sind eingehend behandelt bei Bücher und Fickendey (25) und „The african palmoil industry" (26, 1913, S. 206ff. und 1917, S. 57ff.).

Die wesentlichen maschinellen Bestandteile einer Palmölfabrik sind Antriebsmaschinen, Maschinen zum Zerkleinern des Fruchtfleisches, Preßmaschinen und Maschinen zum Knacken der harten Palmnußschale. Zwei technische Verfahren haben sich in dieser Aufbereitungsindustrie herausgebildet, das nasse und das trockne Verfahren. Das ursprüngliche, auf einer deutschen Erfindung beruhend, verwendet große Mengen Wasser und setzt Wasserreichtum der Gegend voraus. Da das Wasser aber die Fettsäurebildung begünstigt, stellt es, an der Güte des Palmöls gemessen, keine Verbesserung dem Öl der Eingeborenen gegenüber dar. Das zweite, das trockne Verfahren, eine französische Erfindung, verwendet kein Wasser und wird dieses Vorteils wegen heute überwiegend in der Palmölindustrie verwendet. Die zahlreichen in den letzten Jahren erfundenen Maschinen sind im Grund nur Variationen des nassen oder des trocknen Prinzips.

e) Standort.

Wie bei vielen landwirtschaftlichen Industrien, im besondern den tropischen, ist der Standort der Palmölindustrie durch den Rohstoff, damit durch das Vorkommen der Ölpalme festgelegt (weiterer Standort). Er ist natürlich bedingt. Es ist nicht möglich, die frischen Ölpalmfrüchte nach den Industriezentren der gemäßigten Zone zu transportieren, da sie unterwegs dem Verderben ausgesetzt wären, ganz abgesehen davon, daß ein großer Prozentsatz des Gewichts der Früchte, wie die Fasern des Fruchtfleisches und die Schalen der Palmnüsse — diese machen allein schon rund die Hälfte des Fruchtgewichts aus — einen unnützen Transport erführen. Man versendet erst die transportfähigen Fabrikate, Palmöl und Kerne. Palmkernölindustrie wird man deswegen im tropischen Afrika nur als Ausnahme finden. Versuche, die Kernölgewinnung im Ursprungsland selbst zu betreiben, sind bisher nur zum Teil geglückt, weil die wirtschaftlichen Voraussetzungen hierzu fehlen. Es liegen auch keine zwingenden natürlichen Gründe vor, wie bei der Palmölindustrie. Im Gegenteil, das Nebenprodukt der Kernölgewinnung, die Kernkuchen, sind in den feuchtwarmen Tropen sehr leicht dem Verderben ausgesetzt. Die Brüder Lever, Liverpool, errichteten 1912 in Nigerien in Lagos und Opobo große Fabrikanlagen zur Kernölgewinnung, vielleicht in der Absicht, das Öl zur Seifenfabrikation nach Südafrika und die Kernkuchen nach Europa zu exportieren. Im tropischen Afrika gibt es keine Nachfrage nach Kernkuchen. 1912 führte das Unternehmen tatsächlich 508 t Kernöl und 645 t Kernkuchen, 1913: 3919 t Kernöl und 5498 t Kernkuchen aus. Die Anlagen erwiesen sich aber bald als unwirtschaftlich und wurden zum Teil wieder abgebrochen (25, S. 92).

Auch innerhalb des Verbreitungsgebietes der Ölpalme selbst ist der Standort der Industrie eng begrenzt (engerer Standort). Die Palmfrüchte sind so empfindlich, daß sie oft nicht einmal eine Verfrachtung auf der Bahn oder den Wasserweg zum Transport zur Fabrik vertragen. Nach Bücher und Fickendey (25, S. 95) rotten die losen Früchte in Säcken oder in loser Schüttung schnell unter Erhitzung. Am besten erfolgt nach ihnen die Beförderung der Früchte in den Bündeln, womit aber ein toter Ballast von etwa $\frac{1}{3}$ des Gesamtgewichts gebildet wird. So ist die Industrie gezwungen, in die Gebiete mit reichen Ölpalmbeständen hineinzugehen oder selbst in unmittelbarer Nähe der Fabrik die Ölpalme plantagenmäßig zu kultivieren, wo die natürlichen Bestände zur Versorgung der Fabrik zu stark zersplittert sind. Die Zentralisation der Palmölindustrie an einem etwa von Natur aus begünstigten Platz ist deshalb nicht möglich, Klein- und Mittelbetriebe herrschen vor.

Der Ausdehnung der Industrie tritt hier ein großes natürliches Hindernis entgegen, die mangelhafte Verkehrserschlossenheit des tropischen Afrika. Bei der Massenhaftigkeit der Ölpalmprodukte ist es ausgeschlossen, sich nur des Trägerverkehrs zu bedienen. Der Wirkungsradius der Fabriken würde dadurch zu sehr beengt, da sich der Transport von Früchten über eine weitere Strecke als einen Tagemarsch nicht mehr lohnt.[1]) Die Palmölfabriken sind deshalb in günstiger Verkehrslage errichtet, wo möglichst viel Zubringerstraßen zur Verfügung stehen, an der Küste in Hafenplätzen, an schiffbaren Flüssen und an den Eisenbahnen. Auf günstige Lage für den Abtransport kann erst in zweiter Linie Rücksicht genommen werden. Für diese drei Möglichkeiten finden wir in den afrikanischen Tropen

1) Mitteilung von Prof. Thorbecke, Köln.

typische Beispiele. An der Elfenbeinküste z. B. treten die Ölpalmbestände bis unmittelbar an die See heran. Die Fabriken liegen hier an der Küste oder in ihrer unmittelbaren Nähe. In der belgischen Kongokolonie hat die ausgezeichnete Wasserstraße des Kongo und seiner auf weite Strecken hin schiffbaren Nebenflüsse das Eindringen der Palmölindustrie weit in das Innere des Kontinents gestattet. In Togo, wo die Ölpalme erst in größerer Entfernung von der Küste auftritt, hat der Bau einer Eisenbahn erst die Palmölindustrie ermöglicht. Wo die künstliche Verkehrsstraße der Eisenbahn fehlt, wird die Ölpalme heute nur an den Wasserstraßen fabrikmäßig ausgebeutet. Die Ausdehnung der Palmölindustrie hängt also nicht zum geringsten Teil vom Ausbau der afrikanischen Eisenbahnen ab.

f) Saisoncharakter der Palmölindustrie.

Mit andern landwirtschaftlichen Industrien hat die Palmölindustrie den Saisoncharakter ihres Betriebes gemeinsam. Die Abhängigkeit vom Klima tritt hierbei in die Erscheinung. Die Arbeitszeit der Fabriken ist an die Erntezeit gebunden, da die zu verarbeitenden Früchte eine längere Aufbewahrung wegen der Gefahr des Rottens nicht vertragen. Die Früchte entwickeln sich in der Regenzeit, geerntet werden sie in der darauf folgenden Trockenzeit. Je nach der Verteilung der Niederschläge hat man in Gegenden mit einer Trockenzeit auch nur eine Ernte, in Gegenden mit doppelter Trockenzeit zwei Ernten. In immerfeuchten Gebieten, wie am mittleren Kongo, erntet man das ganze Jahr über. Je nach der geographischen Lage innerhalb des afrikanischen Ölpalmgebietes wechselt also der Saisoncharakter der Industrie. Bei den Fabriken nördlich und südlich des Äquators ist er ausgeprägt, bei denen in der Gegend des Äquators verschwindet er vollständig. Die beiden Fabriken bei Bumba und Barumbu am Kongo arbeiten das ganze Jahr über, während die Ölfabriken in Kamerun 4—5 Monate, die in Togo sogar bis 7 Monate ihren Betrieb unterbrechen müssen.

g) Nebenindustrien.

Die erzwungene Unterbrechung kann die Veranlassung werden, die „tote" Zeit durch andere Betriebe auszufüllen, entweder in Weiterverarbeitung des Palmöls oder in einer andern den jeweiligen natürlichen Verhältnissen der Fabrik angepaßten Industrie. Hier liegt also ein bedeutsamer Antrieb zur Industrialisierung der Ölpalmgebiete der afrikanischen Tropen vor. Ansätze hierzu sind schon in der afrikanischen Palmölindustrie vorhanden, allerdings nur geringfügige, was sich aus der Jugendlichkeit der Ölindustrie erklärt. In Togo betreibt eine Palmölfabrik noch Mühlen, die von Eingeborenen gegen Entgelt zum Mahlen von Mais benutzt werden (25, S. 94). Mehl wird sonst von Eingeborenen unter großer Verschwendung von Arbeitskraft hergestellt. Die Ölfabrik in Maka in Kamerun hat ihrem Betrieb eine Seifensiederei angegliedert. Gerade die Seifenindustrie, soweit sie die bei den Negern beliebten gewöhnlichen Sorten herstellt, hat in den afrikanischen Tropen günstige Aussicht auf Entwicklung. Hier trifft der zur Seifenfabrikation wichtigste Rohstoff mit einer unbegrenzten Nachfrage der Eingeborenen zusammen. Die zur Fabrikation nötigen sonstigen Rohstoffe müssen eingeführt werden. Bücher und Fickendey (25, S. 94) führen noch als zur Ausfüllung der Betriebsruhe der Ölfabriken geeignete Fabrikationszweige an: für Fabriken in Waldgebieten Holzsägewerke und Faßfabriken zur Herstellung der zum Transport des Öls nötigen Fässer, die Herstellung von Papierstoff aus dem jährlichen Abfall an Blättern und Fruchtstengeln oder die Erzeugung von elektrischer Kraft.

Von der Kohle ist die Palmölindustrie völlig unabhängig. Das Heizmaterial zum Antrieb der Maschinen wird aus den Abfällen, die sich bei der Fabrikation ergeben, gewonnen. Verfeuert werden die ölhaltigen Preßkuchen, die holzigen Fruchtstengel und Blattrispen und am meisten die Schalen der Palmnüsse, daneben Holz.

h) Arbeiterfrage.

In der Palmölindustrie bereitet die Frage der Beschaffung der nötigen Arbeitskräfte große Schwierigkeiten. Sie löst sich auf in eine solche der Beschaffung des Fabrikpersonals und in eine solche der Beschaffung des nötigen Erntepersonals. In der Fabrik teilen sich Weiße und Eingeborene in die Arbeit. Die Arbeitsverrichtung des Weißen ist gerade in der Palmölindustrie aufs äußerste beschränkt. Als eine Industrie, die entsprechend dem Vorkommen der Ölpalme auf die feuchtwarmen Gebiete des tropischen Afrika beschränkt ist, gewährt sie dem weißen Arbeiter klimatisch die ungünstigsten Daseinsbedingungen. Sie ist also hierin weit ungünstiger gestellt als die Industrien der trockneren Teile des tropischen Afrika, wie Sisal- und Baumwollaufbereitungsindustrie. Der Weiße ist deshalb nur als leitender Ingenieur oder Maschinist tätig und überläßt die meisten Arbeitsverrichtungen an den Maschinen den Eingeborenen. Allerdings beschränkt sich das Maschinenpersonal der Palmölfabriken auf 15, höchstens 20 Arbeiter. Der Mangel an sog. gelernten Arbeitern soll den Palmkernölfabriken von Lever in Nigerien größere Schwierigkeiten bereitet haben (114).

Wichtiger als die Fabrikarbeiterfrage ist für die Industrie die Beschaffung der nötigen Erntearbeiter, denn nur bei einer genügenden täglichen Zufuhr von frischen Früchten arbeiten die Unternehmungen rentabel. Nach L. Loens[1]) benötigt eine Fabrik mit einer Produktion von täglich 3 t Palmöl 275 Arbeiter zum Ernten.

Die Arbeiterfrage leitet zu der Frage, ob es vorteilhafter ist, die Kultur der Ölpalme den Eingeborenen zu überlassen oder sie an die von Weißen betriebene Fabrik anzuschließen. Wenn auch im allgemeinen bei den andern tropischen Kulturen die Frage dahin zu entscheiden ist, daß beide Kulturen, die europäische und die der Eingeborenen, am besten nebeneinander betrieben werden, so hat die Frage der Ölpalmkultur eine besondere Seite. Während in den afrikanischen Tropen bei der Baumwollkultur, um diese als typisches Beispiel zu nennen, die Aufbereitung nur in modernen Unternehmungen vor sich geht, sich damit eine Arbeitsteilung zwischen den Eingeborenen, welche die Baumwolle anbauen, und den Europäern herausgebildet hat, besteht neben der modernen maschinellen Palmölbereitung die Aufbereitung durch die Eingeborenen. Es ist ja einer der Hauptzwecke der Palmölindustrie, diese unwirtschaftliche Produktion allmählich zu ersetzen. Der Idealzustand wäre wie bei der Baumwolle die Arbeitsteilung zwischen der Aufbereitungsindustrie als Tätigkeitsfeld des europäischen Unternehmers und der Kultivierung der Ölpalme und Versorgung der Fabriken mit Früchten als Aufgabe der Eingeborenen. Heute muß sich die Palmölindustrie noch auf einen eignen Arbeiterstamm und auf eigne kultivierte Ölpalmbestände stützen, da sich der angestrebten Arbeitsteilung zwischen Weißen und Eingeborenen starke wirtschaftliche und soziale Hindernisse in den Weg stellen (25, S. 100). Diese Hindernisse gehören zu denen, die meines Erachtens am meisten die Entwicklung der Palmölindustrie hemmen, denn nur mit ihrer Überwindung ist die Arbeiterfrage im wesentlichen gelöst. In der Wirtschaft der Eingeborenen hat die Frau vielfach die Hauptarbeit zu leisten. So trägt sie auch bei der Ausbeutung der Ölpalme die größte Last. Der Mann verrichtet die kurze, allerdings schwere Arbeit des Erntens, der Frau und den Kindern fällt die mühsame und langwierige Aufbereitung der Früchte zu. Diese Hausindustrie vernichtet die Fabrik. Da der Eingeborene die Arbeit von Frau und Kindern nicht in Rechnung zieht, verlangt er von der Fabrik denselben

1) Koloniale Zeitschrift, Berlin 1913, Nr. 40.

Preis für die unverarbeiteten Früchte und die in der Hausindustrie gewonnenen Erzeugnisse. Die Fabrik kann natürlich für beides nicht den gleichen Preis zahlen. Will der Eingeborene den gleichen haben, so muß er mehr Früchte ernten. Der Mann ist damit zur Mehrarbeit gezwungen, die Frau entlastet. Bei dem schwerfälligen und mißtrauischen Charakter des Negers wird es wohl noch lange Zeit dauern und vieler europäischer Erziehungsarbeit bedürfen, ehe sich diese soziale Umwälzung vollzogen hat.

i) Die beiden großen afrikanischen Palmölindustriegebiete.

Man kann heute im tropischen Afrika zwei große Palmölindustriegebiete nach der Zahl der vorhandenen Bevölkerung und ihrem heutigen Kulturzustand unterscheiden. Je nach diesen Bedingungen sind die Hemmungen in der Entwicklung der Palmölindustrie verschieden stark.

Das eine Gebiet, das westafrikanische, umfaßt die Kolonien längs der Küste von Oberguinea, vom französischen Senegal bis Nigerien einschließlich. In dieser Zone befindet sich eine verhältnismäßig dichte und kulturell hochstehende Bevölkerung. Aus ihr stammen überwiegend die Ölpalmerzeugnisse, die auf den Weltmarkt kommen. Sie sind bis jetzt fast ganz in der Hausindustrie der Eingeborenen hervorgebracht. In diesem Gebiet sind die Vorbedingungen der Entwicklung einer modernen Palmölindustrie ungünstig. Gerade in Kolonien mit reichen Ölpalmbeständen und dichter Bevölkerung, wie Dahome und Nigerien, kämpfen die Fabriken mit großen Schwierigkeiten, obwohl man bei erstem Zusehen das Gegenteil vermuten sollte. Die Ölpalmbestände sind meist im Besitz der Eingeborenen. Die Früchte verarbeitet er selbst, statt sie an die Fabrik abzuliefern, zur Hauptsache aus den oben angeführten sozialen und wirtschaftlichen Gründen. Die Fabriken leiden deshalb unter mangelnden Zufuhren. Trotz der dichten Bevölkerung ist auch die Beschaffung von Arbeitern, im besondern Erntearbeitern, schwierig, da die Arbeitskräfte gerade zur Erntezeit durch das Sammeln von Ölpalmfrüchten für die Hausindustrie gebunden sind. Im westafrikanischen Palmölindustriegebiet ist also eine der Hauptaufgaben der Industrie, die unwirtschaftliche Hausgewinnung der Eingeborenen allmählich zu ersetzen.

Aus diesem Gebiet fallen die Kolonien heraus, in denen die Eingeborenen-Produktion an Palmöl und Kernen gegenüber andern Erzeugnissen zurücktreten, wie die Goldküste, wo fast ausschließlich Kakaokultur getrieben wird. Hier könnten die Früchte der Ölpalmbestände an die Fabriken geliefert werden.

Das zweite große Palmölindustriegebiet, das mittelafrikanische, umfaßt Kamerun, das ganze Kongogebiet und die Kolonien an der niederguineischen Küste, die Gebiete, in denen zum Teil noch Sammelwirtschaft von Wildkautschuk, Elfenbein, Edelhölzern vorherrscht. Hier setzt sich erst in den letzten Jahren eine rationelle Bewirtschaftung durch. Im Gegensatz zum westafrikanischen Gebiet ist das mittelafrikanische dünn besiedelt mit einer Bevölkerung von niedriger Kulturstufe. Im allgemeinen ist es verkehrsgeographisch noch wenig erschlossen. Bis vor wenigen Jahren, ehe die Palmölindustrie hier Fuß faßte, lieferte es verhältnismäßig geringe Mengen von Ölpalmerzeugnissen auf den Weltmarkt. Die hausindustrielle Verarbeitung der Ölpalmfrüchte durch die Eingeborenen ist gering. Hier braucht die Palmölindustrie keine unwirtschaftliche Aufbereitung der Eingeborenen zu ersetzen. Sie kann unmittelbar an die überreichen wilden Ölpalmbestände zur Ausbeutung herantreten, da die Eingeborenen deren wirtschaftlichen Wert bisher noch wenig kennen und auch keine Besitzansprüche machen. Die Versorgung der Fabriken mit Früchten ist hier im wesentlichen eine Frage der Verkehrserschließung, allerdings auch eine Arbeiterfrage. Der Arbeitermangel ist aber hier im Gegensatz zum westafrikanischen Gebiet eine Folge dünner Besiedlung und verhältnismäßig niedrigen Kulturstandes. In der Arbeiterversorgung ist die Industrie günstiger gestellt, da sich hier der Arbeitermangel leichter durch Erziehungsarbeit und gewisse Zwangsmaßregeln beheben läßt als im westafrikanischen Palmölindustriegebiet. Dazu sind die Löhne niedriger.

k) Westafrikanisches Palmölindustriegebiet.

Die einzelnen Gebiete. In den Kolonien längs der Küste von Oberguinea vom Senegal bis Liberia hat die Palmölindustrie noch nicht Fuß gefaßt trotz reicher Ölpalmbestände in Sierra Leone und ganz besonders in Liberia. Es besteht eine Ölfabrik in Bolama auf einer der Bissagos-Inseln in Portugiesisch-Guinea. In Sierra Leone, das nach Nigerien die größte Menge Palmkerne auf den Weltmarkt bringt, hatten die Brüder Lever 1912 eine Ölfabrik in Jonnibanna errichtet. Weil aber Transport- und besonders Arbeiterschwierigkeiten unüberwindlich waren, ist das Werk 1915 wieder abgebrochen worden (99, 1915). Dieser Arbeitermangel rührt nicht von der dünnen Besiedlung her, denn die Bevölkerungsdichte von Sierra Leone ist relativ hoch, sondern von der Eigenproduktion der Eingeborenen. Bis zum Berichtsjahr 1919 hatte niemand oder kaum jemand um eine Konzession zur Errichtung einer Ölmühle in Sierra Leone nachgesucht (99, 1919).

Elfenbeinküste. Erst in den Kolonien der Oberguinea von der Elfenbeinküste bis Nigerien ist die Palmölindustrie in einer Reihe größerer und kleinerer Fabriken vertreten.

An der Elfenbeinküste sind vier Ölwerke in Betrieb, die von Drewin, Sassandra, Bingerville, Impérie. Fast reine Ölpalmwaldungen treten bis an die Küste heran. Da die Kolonie zur Hauptsache erst in ihrem Küstenteil erschlossen ist, liegen die Fabriken unmittelbar in Hafenplätzen oder in nächster Nähe der Küste. Die Eisenbahn Abidjean (Bingerville) — Buaké, die den Urwaldgürtel durchbrochen hat, wird wohl bald eine Ausdehnung der Palmölindustrie nach sich ziehen. Das Land ist dünn besiedelt mit kulturell niedrig stehender Bevölkerung, die mehr Verdienstmöglichkeiten in der Kakao- und Kautschukgewinnung als im Ernten von Ölpalmfrüchten findet. Daß sich die Ölfabriken auch in ihrer Betriebsgröße den jeweiligen Verhältnissen anpassen müssen, zeigt das Beispiel des Ölwerks in Sassandra. Diese Fabrik ist zu groß angelegt und kann ihren Betrieb infolge der zu geringen Zufuhr von Früchten — verursacht durch Arbeitermangel — nicht voll ausnützen. Die Betriebskosten sind deswegen zu hoch. Die aus andern Kolonien geholten Arbeitskräfte haben sich als zu teuer erwiesen. Das Ölwerk in Impérie wird von einem Neger der Goldküste betrieben.

Goldküste. Von der Goldküste liegen bestimmte Angaben über Ölfabriken nicht vor. Die Ölpalme ist in dem letzten Jahrzehnt ganz hinter den Kakaobau an Bedeutung zurückgetreten. Erst in den letzten Jahren hat man sich wieder auf den Wert der Ölpalme besonnen. Die Regierung hat mehreren Gesellschaften Konzessionen zur Errichtung von Fabriken erteilt. Es sind einige moderne Ölwerke in der Westprovinz gebaut worden, die durch Feldbahnen mit den Ölpalmplätzen verbunden sind (26, 1917). Eine Gesellschaft hat im Jahr 1922/23 eine Palmölfabrik errichtet und eine große Zunahme der Produktion erzielt (99, 1922/23). Von der Hauptölfirma, der West African Oils Ltd., die ihren Sitz in Seysie im Secondi-Dixcove Distrikt hat, wird berichtet, daß sie Plantagen angelegt und Ölmaschinen aufgestellt hat; die Anstrengungen der Gesellschaft sind aber durch Arbeitermangel gehemmt. Ebenso plant die Regierung eine Fabrik im Krobo-Land einzurichten (57, 1924).

Togo. Dank deutschem Unternehmungsgeist hat in Togo die Industrialisierung der Ölpalmausbeute ähnlich wie im ehemalig deutschen Kamerun bemerkenswerte Anfänge gemacht. Vor dem Krieg bestanden vier Fabriken, und zwar in Tafie (Agu), Batonu am unteren Mono[1]), Tabligbo und Lome (mit Seifenfabrik), die sich zum Teil an die bedeutendsten Ölpalmbestände der Kolonie in den Bezirken Anecho, Lome-Land, Misahöhe und Atakpame anschließen. Die Industrie im Binnenland ist erst durch den Ausbau der Eisenbahnen lebensfähig geworden. Verkehrsgeographisch am meisten begünstigt ist die Anlage in Lome, da diese Stadt zugleich Eisenbahnknotenpunkt und Küstenort ist. Dem Ölwerk in Tafie ist es zuerst gelungen, ein fettsäurearmes Öl (8%) herzustellen.[2])

Dahome. Dahome ist in einem etwa 100 km breiten Streifen längs der Küste sehr reich an Ölpalmen. Sie bilden den Schwerpunkt im Wirtschaftsleben der Kolonie. Unter den Palmkerne für den Weltmarkt erzeugenden Gebieten steht diese Kolonie an vierter Stelle[3]) hinter Nigerien, dem belgischen Kongo und Sierra Leone. Die Verarbeitung der Ölpalmfrüchte liegt fast ausschließlich in Händen der Eingeborenen. Es besteht nur eine größere Ölfabrik (seit 1907) an der Küste, in Cotonou, in verkehrsgeographisch günstiger Lage. Eine Station für wissenschaftliche und praktische Untersuchungen zur Verbesserung der Ölpalmkultur und Fabrikation des Öles ist von der Regierung in Pobe eingerichtet worden.

Nigerien. In dieser Kolonie tritt die Ölpalme nur im südlichen Teil auf, bildet hier ebenso reiche Bestände wie im benachbarten Dahome und ebenso wie dort den Mittelpunkt des Wirtschaftslebens. Ausgebeutet wird die Ölpalme von den Eingeborenen. Sie hat eine blühende Hausindustrie ins Leben gerufen, die so hohe Exportziffern wie 128000 tons Palmöl und 273000 tons Kerne im Jahre 1925 ergeben konnte. Die moderne Palmölindustrie hat hieran nur verhältnismäßig wenig Anteil. In diesem Land blühender Eingeborenen-Industrie hat die europäische einen schweren Stand.[4]) Sie zeigt hier ausgeprägt ihren „Verdrängungscharakter“ gegenüber der Aufbereitung durch die Eingeborenen, wird zum Teil auch zu einer Art Lohnindustrie, indem sie die Palmnüsse der Eingeborenen in großen Dampfknackereien verarbeitet. Solche Anlagen sind errichtet an Zentralstellen der Ölpalmverwertung, wie in Benin (Coco Beach), Braß und Degema. Ebenso sind Maschinen in Betrieb zum Formen der Kerne in transportable Blöcke.

1) Diese Fabrik hat in ihrem ersten Betriebsjahr 1913/14: 14,7 t Palmöl und 13,3 t Kerne gewonnen.

2) Diese Fabrik ist die einzige im Betrieb befindliche mit 75 Arbeitern und 8 t frischer Früchte Leistungsfähigkeit (54, 1924).

3) Im Jahr 1924. 4) Siehe S. 36.

Eine genaue Zahl und Ortsangabe der Palmölfabriken Nigeriens ließ sich aus der zugänglichen Literatur nicht ermitteln. Die Zahl scheint im Verhältnis zu diesem produktivsten aller Ölpalmgebiete Westafrikas gering zu sein. In einem Bericht (26, 1915) heißt es, daß in der Westprovinz Ölwerke errichtet worden seien, Einzelheiten aber nicht erreichbar wären. „West Africa“[1]) erwähnt eine Ölfabrik im Nigerdelta, etwa 240 km landeinwärts. Eine moderne Palmölfabrik gibt es in Oku (Ikot-Offiong) am Kreuzfluß in Ostnigerien in guter Verkehrslage. Die Fabrik, die das trockne Verfahren anwendet, kauft die frischen Früchte von den Eingeborenen (137, Nr. 290, 1922).

Die verkehrsgeographische Voraussetzung für die Palmölindustrie in Nigerien ist denkbar günstig. Die Ölpalmbestände treten bis an die Küste heran und sind dazu noch durch natürliche Wasserstraßen in breiter Zone erschlossen. Das große Deltagebiet des Niger ist durchzogen von einem Netzwerk von schiffbaren Mündungsflüssen und Krieks. Die Ölpalmgebiete von Calabar sind durch das große Ästuar des Kreuzflusses und des Rio del Rey und durch die schiffbaren Flüsse selbst dem Verkehr geöffnet. Den Ölpalmdistrikt von Lagos erschließt die Bahn Lagos-Ibadan, die geradezu die Ölbahn heißt.

Eine Sonderstellung in der Ölindustrie Nigeriens nehmen die Palmkernölfabriken der Brüder Lever in Lagos und Opobo ein. Auch nachdem die Brüder Lever kurz vor dem Krieg einen Teil ihrer Anlagen zur Hauptsache infolge Arbeiterschwierigkeiten abgebrochen und den Schwerpunkt ihres Unternehmens an den Kongo verlegt haben, scheint die Palmkernölproduktion weiter betrieben worden zu sein. 1920 erwähnt die Ausfuhrstatistik Nigeriens den Export von 3500 tons Kernöl, die nur aus den beiden Ölwerken stammen können, da die Neger nur selten Kernöl herstellen. Was die Firma veranlaßt haben mag, einen Teil ihrer Kernölerzeugung aus Europa nach Nigerien zu verlegen, sind wohl zur Hauptsache die niedrigeren Gestehungskosten, niedrige Löhne in Afrika und vielleicht, wie oben schon angegeben[2]), die Absicht, Kernkuchen nach Europa, das Öl nach Südafrika zu versenden. Bei der Lage Nigeriens zu Europa und Südafrika wäre damit unnützer Transport vermieden. Abgesehen von den niedrigern Produktionskosten, ist der Standort dieser Industrie im tropischen Afrika weder natürlich noch wirtschaftlich begründet.[3])

Im Gegensatz zur Palmölindustrie, deren Standort auf Grund geographischer Bedingungen festgelegt ist, sind dem Standort der Kernöl-

1) Nr. 387, 1924. 2) S. 32. 3) Siehe o. S. 31.

industrie aus wirtschaftlichen Gesichtspunkten weitere Grenzen gezogen. In Nigerien selbst ist die Lage der Kernölfabriken an Hafenplätzen, wie in Lagos und Opobo, gegeben. Hier strömen aus dem Hinterland die Palmkernmengen zusammen.

l) Das mittelafrikanische Industriegebiet.

Kamerun. In dieser ehemals deutschen Kolonie sind die Ölpalmbestände in der Urwald- und angrenzenden Savannenzone überreichlich vertreten. Die Kameruner Ölpalmzone stellt ein Übergangsgebiet zwischen dem west- und mittelafrikanischen Palmölindustriegebiet dar, da es schon ansehnliche, aus der Hausindustrie der Eingeborenen stammende Mengen an Ölpalmprodukten auf den Markt bringt (1924 Gesamtausfuhr 4400 t Palmöl und 29000 t Kerne). Die Aufbereitung durch die Eingeborenen läßt aber der modernen Industrie weitesten Spielraum. Die Entwicklung der Ölindustrie setzte etwa 1910 ein. Es bestehen fünf Fabriken, je eine in Mamfe am Kreuzfluß, Maka an der Kameruner Nordbahn, Viktoria, Mokundange und Mpundo am Mungo. Die Fabriken kultivieren in ihrer Nähe die Ölpalme, um die Zufuhr von Früchten zu sichern. Die Arbeiterbeschaffung macht große Schwierigkeiten, da die Ölpalmdistrikte dünn besiedelt sind.[1])

Spanisch-Muni. Hier hat die Ölindustrie noch keinen Eingang gefunden.

Französisch Äquatorial-Afrika. In dieser Kolonie ist die Ölpalme häufig in der Küstenzone zu finden. Ihre wirtschaftliche Bedeutung tritt ganz zurück, da man sich einseitig auf die lohnende Kautschuk- und Holzgewinnung verlegt hat. Zudem ist die Kolonie wirtschaftlich noch wenig erschlossen. Die Ölpalmausbeute ist infolge der Indolenz der Weißen und Schwarzen minimal (24). Bisher bestehen in diesem ausgedehnten Gebiet nur drei Ölfabriken, in Fernan Vaz, in Manfute am Motaba (Mittel-Kongo), in Kakamoeka am Kuilu, die aber nach Pointe Kounda verlegt werden soll. Das Ölwerk in Fernan Vaz verarbeitet auch Kerne zu Öl.

Angola. Die verhältnismäßig niedrige Ausfuhr an Ölpalmerzeugnissen (1923: 2000 t Öl, 5700 t Kerne) stammt fast ganz aus der Hausindustrie der Eingeborenen. Nach Abeking (1, 1914) hat die Regierung in einigen Distrikten Palmkernknackereien und andere Maschinen zur

---

1) 1912 produzierten die Fabriken Maka 28 t Öl, 9,6 t Kerne, Viktoria 63 t Öl, 51 t Kerne, Mokundange 32,35 t Öl, 24 t Kerne. Die Produktionsmengen zeigen also das Anfangsstadium der Industrie, die sich auch heute noch nicht weit darüber erhoben hat.

Ölgewinnung aufgestellt, um die Produktion zu heben. Man hat der maschinellen Palmölgewinnung vergrößerte Aufmerksamkeit zugewendet (107). Das Anuario de Angola führt für die Bezirke Dande, Enkoje, Cuanza-Sul acht Unternehmungen an, die Palmöl herstellen. Es ist aber nicht ersichtlich, ob es sich um fabrikmäßige Erzeugung handelt.

Belgisch-Kongo. In dieser Kolonie ist in ihrer ganzen Ausdehnung die Ölpalme anzutreffen, ausgenommen ist nur Oberkatanga und der trockenste Teil des Nieder-Kongodistriktes. Am häufigsten und dichtesten finden sich ihre Bestände in der Urwaldzone im Norden der Kolonie, dem Mittel-Kongogebiet und in den breiten Uferwäldern der südlichen Kongonebenflüsse.

Im Vergleich zu der ungeheuren Ausdehnung des Gebietes ist die Ausfuhr von Öl und Kernen gering. Bis 1914 hatte das Mayumbe-Gebiet an der Mündung des Riesenstromes den Hauptanteil an der Ausfuhr; die erzeugten Mengen stammten lediglich aus der Hausindustrie der Eingeborenen. Erst seit der Gründung des großen Ölunternehmens der Brüder Lever („Huileries du Congo Belge") hat sich der Schwerpunkt der Ölpalmausbeute in das Innere der Kolonie verlegt. Seit 1914 sind die Exportziffern ständig gestiegen. Die Ausfuhr erreichte 1920 eine Höhe von 7600 t Palmöl und 38400 t Kernen gegenüber 1970 t bzw. 7000 t 1913. 1925 wurden schon 96000 t Kerne und 24000 t Öl produziert. Die Kolonie ist damit unmittelbar hinter Nigerien getreten. In der Kongokolonie ist die produktionssteigernde Wirkung der Industrialisierung der Ölpalmausbeute am deutlichsten bewiesen. Die wichtigsten Gebiete industrieller Ausnützung — zum Teil auch Anpflanzung — sind heute 1. der Mayumbe-Bezirk, 2. der Distrikt Kwango als der bedeutendste, besonders im mittleren Teil des Stromsystems des Kwilu, 3. der nördliche Teil des Distriktes Kassai, 4. der westliche Teil der Distrikte Aequator und Lulonga, 5. der Distrikt Bangala.

Durch königliches Dekret erhielten die Brüder Lever 1911 ein Konzessionsgebiet von 750000 ha mit dem alleinigen Recht zur Ausnützung der Ölpalmbestände und der Verpflichtung, Palmölfabriken mit einer Leistungsfähigkeit von mindestens je 6000 t frischer Früchte anzulegen. Die „Huileries du Congo Belge" umfassen 5 Konzessionsgebiete. Es wurden 8 Ölwerke errichtet, das erste in Leverville (Lusanga) am Kwilu mit einer Verarbeitungsmöglichkeit von 24000 t frischen Früchten. Die Fabriken sind mit leistungsfähigen Maschinen und Laboratorien ausgestattet. Sie liegen in oder in der Nähe folgender Orte:

	Leistungsf. fr. Früchte 1920
1. Ölwerk von Leverville am Kwilu	24000 t
2. „ „Tango“ am Kwilu	13000 „
3. „ „Kwenge“ am Kwengo	
4. „ von Basongo am Kassai („Brabanta“) . . .	12600 „
5. „ von Mobendi am Kassai.	
6. „ von Ingende am Ruki („Flandria“).	6000 „
7. „ von Bumba am Kongo („Alberta“).	15000 „
8. „ von Barumbu am Kongo („Elisabetha“) . .	15600 „

Neben Palmöl und Kernen gewinnt das Unternehmen in seinen Fabriken ähnlich wie in Nigerien noch Palmkernöl.

	Früchte	Aus-nützung	Palmöl
1914/15. . .	verarbeitet 6370 t	14%	gewonnen 907 t
1915/16. . .	„ 13876 „	13%	„ 1843 „
1916/17. . .	„ 20963 „	14%	„ 2880 „
1917/18. . .	„ 26409 „	16%	„ 4207 „
1918/19. . .	„ 25903 „	18%	„ 4601 „
1919/20. . .	„ rd. 31000 „	18%	„ rd. 5700 „

Die Produktion hat sich seitdem weiter gesteigert.

Die von der belgischen Regierung festgesetzte Mindesterzeugung von 5000 t für 1917 hat das Unternehmen nicht erreicht, hauptsächlich aus zwei Gründen. Das festgesetzte Ausbeuteverhältnis von 1000 t Palmöl aus 6000 t frischen Früchten erwies sich als zu hoch. Der Ölgehalt der Früchte ist im Kongobecken nicht so groß wie in andern Gebieten. Es ist dies eine Folge des Klimas.

Die Hauptursache aber ist die schwierige Arbeiterbeschaffung. Gerade von ihr ist das Unternehmen am meisten bedroht, obwohl die Arbeitslöhne am Kongo geringer sind als in Nigerien. Einzelne Bezirke im Kongobecken sind wohl verhältnismäßig volkreich, wie der Sankuru-Kassai-Distrikt, aber die Bevölkerung muß erst zu regelmäßiger Arbeit erzogen werden. Dies versucht die Regierung durch Besteuerung. Da eine solche Methode nicht die erhoffte Wirkung erzielt hat, sind die Huileries bestrebt, sich durch systematische Erziehungsarbeit aus den Eingeborenen einen Arbeiterstamm zu bilden. Die Arbeiter werden aus den in der Nähe der Fabriken liegenden Dörfern zu freier Arbeit (ohne Vertrag) gewonnen. Um sie sozial zu heben, hat das Unternehmen Schulen und Hospitäler errichtet und nimmt einen energischen Kampf gegen die Krankheiten der Eingeborenen, besonders gegen die Schlafkrankheit auf.

Verkehrsgeographisch sind die Palmölfabriken innerhalb des Kongobeckens außerordentlich günstig gestellt, da sie sich das große Wasserstraßensystem des Kongo dienstbar gemacht haben. Sie liegen, abgegesehen von denen im Mayumbe-Gebiet, das durch eine Eisenbahn erschlossen ist, alle an schiffbaren Nebenflüssen des Kongo oder am Hauptstrom selbst. Zustatten kommt ihnen in dieser Lage, daß gerade die Uferwälder der südlichen Kongonebenflüsse am meisten mit Ölpalmen bestanden sind. Die Ölpalmwaldungen und -Anpflanzungen sind heute durch viele Kilometer Feldbahnen erschlossen, die dem Antransport der Früchte dienen; der Abtransport geht auf dem Wasserweg vor sich. Die Unternehmungen besitzen zum Teil eigene Flotillen von Öldampfern und -booten. Von den Fabriken gelangt das Öl in Tanks nach Kinshassa am Stanleypool, dem Endpunkt der Eisenbahn, und wird erst hier in Fässer verpackt.

Angespornt durch die Erfolge der „Huileries du Congo Belge" haben noch andere Gesellschaften und Einzelunternehmer Fabriken errichtet oder sind dabei, sie zu bauen.[1]) Ein amtlicher Bericht über den belgischen Kongo (98, 1924) erwähnt unter der Rubrik „Industrie der Provinz Kongo-Kassai" 18 Unternehmungen, die im Jahr 1924 erzeugten:

im Distrikt	Unter-Kongo	342 t	Palmöl	mit 500	Arbeitern
,, ,,	Kassai	132 ,,	,,	,, 800	,,
,, ,,	Kwango	6095 ,,	,,	,, 7200	,,

Ein großer Teil dieser Unternehmungen betreibt aber die Ölgewinnung nicht in Fabriken, sondern mit Handpressen, die von Eingeborenen bedient werden, und geringer Produktion. Eine Gesellschaft hat begonnen, im Distrikt Kwango weitere sechs Fabriken anzulegen (32, 1925 II, Nr. 3). Außer den oben angeführten acht Fabriken der „Huileries du Congo Belge" sind noch eine Reihe anderer heute schon in Betrieb oder in Errichtung:

im Mayumbe-Gebiet[2])

eine bei km 87 der Mayumbe-Bahn (Fabrik „Egger") mit ca. 25 t frischen Früchten täglich,
eine bei km 94,
eine bei km 127 (Luvu)
eine in Pandji (20 km NW. von Tshela, km 137 der Bahn),

---

1) (98, S. 36.)

2) Von diesem Gebiet wird berichtet, daß die Eingeborenen lieber ihre geernteten Ölpalmfrüchte an die Fabriken abliefern und nachher zum eigenen Gebrauch Öl kaufen als selbst aufbereiten. Das Fabriköl ist süßer, weil fettsäurearm, und reiner als das primitiv gewonnene (32, 1921 II).

Distrikt Lulonga: eine in Lisafa bei Basakusu am Lulongo,
Distrikt Bangala: eine in Mongana am Kongo.

Die Aequatorprovinz, zu der die beiden letztgenannten Fabriken und die beiden Werke der Huileries du Congo Belge „Flandria" und „Alberta" gehören, erzeugte 1924 fabrikmäßig 2300 t Palmöl und 1200 t Kerne aus 12 000 frischen Früchten. Die einzige Fabrik in der Ostprovinz, „Elisabetha", produzierte in diesem Zeitraum 2000 t Palmöl.

Der größte Teil der Palmölproduktion der Kolonie wird somit maschinell gewonnen. Die Industrialisierung der Ölpalmausbeute schreitet schnell vorwärts, und der belgische Kongo wird bald zu den ersten Erzeugungsländern gehören.

m) Niederländisch-Indien.

Einen Ansporn erhält die afrikanische Ölpalmindustrie durch den drohenden Wettbewerb der plantagenmäßig gepflegten und fabrikmäßig ausgenutzten Ölpalme an der Ostküste von Sumatra, auf Java und Borneo. Wegen der Jugendlichkeit der Bestände ist die Erzeugung noch gering[1]), entwickelt sich aber stetig weiter. Nach Fickendey[2]) ist Sumatra gegenüber Afrika in der Ölpalmkultur klimatisch begünstigt. Die Fabriken arbeiten das ganze Jahr über, da dauernd Früchte zur Verfügung stehen, während in Afrika der Saisonbetrieb vorherrscht. Der Ölgehalt ist ca. 34%. Die Ölpalmen werden hier allerdings nicht so alt wie in Afrika.

Man hat die von Indien drohende Gefahr in Afrika erkannt und ist heute sehr bemüht, hier die Ölpalmausbeute zu intensivieren. Das einzige Heilmittel gegen den gewaltigen jährlichen Verlust an Palmöl und damit gegen die drohende indische Konkurrenz ist nach Clifford[3]) die Errichtung von Zentralfabriken.

2. Rohrzuckerindustrie und Rumindustrie.

Die Rohrzuckerindustrie ist neben der Baumwollaufbereitungsindustrie nach Produktion und Zahl der Fabrikanlagen im Vergleich zu den andern landwirtschaftlichen Industrien im tropischen Afrika am stärksten entwickelt. Die Zahl der Fabriken betrug 1924 gegen 120 (einschließlich Natal), die Produktion an Rohrzucker überstieg 500000 t. Abgesehen von Angola, beschränkt sich die Zuckerindustrie auf die Ostseite des Kontinents. In Frage kommen nur vier

1) Sumatras Ausfuhr betrug 1924: 5000 t Palmöl, 1925 schon 7000 t.
2) Fickendey, E., Die Ölpalme an der Ostküste von Sumatra. Berlin 1922.
3) Special Bulletin of the Agricultural Department. Nigeria 1924.

Gebiete, in denen diese Industrie in nennenswertem Umfang ausgebildet ist, auf dem Festland Mosambik und Natal, von den Inseln, Mauritius und Reunion. Natal ist aus klimatischen Gründen in die Betrachtung miteinbezogen. Der Küstenstrich dieser Kolonie, besonders des Zululandes im Norden, trägt noch echt tropischen Charakter; die warme Küstenströmung des Indischen Ozeans schiebt ein tropisches Küstenklima weit nach Süden vor. Geringe jahreszeitliche Wärmeschwankung, verhältnismäßig hohe Mittelwärme und reichliche Niederschläge bieten der Zuckerrohrkultur hier noch günstige Daseinsbedingungen, wenn auch Wachstum und Reife des Rohres in Natal längere Zeit beansprucht als auf dem echt tropischen Mauritius und der Zuckergehalt hier geringer ist als auf der Insel. Die Zuckerkultur in Natal beschränkt sich auch auf einen nur 10—20 km breiten Küstensaum und vorwiegend auf den Norden der Kolonie.

Die Rohrzuckerindustrie[1]) im tropischen Afrika ist nicht wie die meisten andern afrikanisch-tropischen Industrien erst in diesem Jahrhundert entstanden, sondern hat in der Kolonialgeschichte schon in früheren Jahrhunderten eine Rolle gespielt. Die Modernisierung dieser Industrie, die Einführung moderner Maschinen und Verkehrsmittel, die Zentralisierung der Produktion in leistungsfähigen neuzeitlichen Fabriken an Stelle der alten primitiven Zuckermühlen ist allerdings eine Erscheinung der letzten Jahrzehnte. Auf den beiden Mascarenen-Inseln Mauritius und Reunion wurde die Zuckerkultur schon im 17. Jahrhundert von den Europäern eingeführt. Die Produktion von Reunion betrug 1830 schon 17600 t, und die Kultur erreichte im Jahr 1859/60 mit 116 Zuckerfabriken und einer Erzeugung von 68500 t ihren Höhepunkt. Auch Mauritius' Zuckergewinnung überstieg schon im vorigen Jahrhundert 100000 t. Die Zuckerindustrie in Natal und Mosambik ist jünger; in Natal setzt ihre Entwicklung in der zweiten Hälfte des vorigen Jahrhunderts ein, in der portugiesischen Provinz erst in diesem Jahrhundert.

In den nördlich gelegenen tropischen Kolonien, im ehemaligen Deutsch-Ostafrika, in der Kenya-Kolonie und auf den vorgelagerten Inseln spielt die Rohrzuckerindustrie, die ehemals unter arabischem und indischem Einfluß in hoher Blüte stand, heute keine Rolle mehr. Durch die Aufhebung der Sklaverei hat sie ihr Ende gefunden. An den wenigen Stellen, wo hier heute noch Zucker produziert wird, geschieht es in primitiven Mühlen und zum örtlichen Gebrauch. Die Bestrebungen der Europäer, die Rohrkultur wieder zu heben,

1) In diesem Abschnitt über Rohrzuckerindustrie ist mit Zucker, wenn nicht besonders anders angegeben, immer Rohrzucker gemeint.

sind in den letzten Jahren wieder stark hervorgetreten und haben auch zur Anlage einiger Fabriken geführt. Vorerst ist das Produktionsergebnis noch gering.

Außer in den Gebieten auf der Ostseite der afrikanischen Tropen wird Zucker auf der Westseite nur in Angola hergestellt. Die Produktion dieser Kolonie ist aber vorerst noch niedrig. Die Ausfuhr von Rohrzucker belief sich 1923 auf 7000 t. Die in früheren Jahrhunderten blühende Rohrzuckerindustrie auf Sâo Thomé ist heute vollständig verschwunden. Im 16. Jahrhundert sollen auf dieser Insel sogar 300 Zuckermühlen bestanden haben (132, 1900, 10). Heute wird im bescheidenen Umfang Zuckerrohr noch zur primitiven Herstellung von Rum angebaut. Wo in den übrigen westafrikanischen Kolonien Zuckerrohr gezogen wird, geschieht es in geringen Mengen und meist zur Schnapsgewinnung.

Da an der Westseite Afrikas die natürlichen Bedingungen für den Zuckerrohranbau und Hand in Hand damit für die Industrie ebenso günstig liegen wie auf der Ostseite, so denkt man daran, auch hier diese lohnende Industrie ins Leben zu rufen (4, 1915, Nr. 679 u. 1919, Nr. 847). Die belgische Regierung ist ernstlich bemüht, eine Rohrzuckerindustrie am Kongo zu entwickeln.[1]) Im Osten Afrikas ist die Zuckerindustrie in ihrem heutigen Umfang nur möglich mit den reichen und billigen indischen Arbeitskräften, die dem Westen mangeln. Wenn auch hier die klimatischen Bedingungen ähnlich günstig liegen wie im Osten, so kann sich eine Zuckerindustrie in nennenswertem Umfang nicht bilden, so lange nicht die erforderlichen Arbeitskräfte zur Verfügung stehen.

Die Rohrzuckerindustrie ist keine spezifisch afrikanisch-tropische Industrie wie die Palmölindustrie, sie findet sich in den beiden andern Tropengebieten, dem indischen und amerikanischen in viel größerem Maße. Ebenso steht sie in subtropischen Ländern in hoher Blüte. Der Zuckerindustrie im tropischen Afrika sind auch nicht die allgemeinen charakteristischen Merkmale aufgeprägt, die andere Industrien in diesem Gebiet kennzeichnen, geringe Verkehrserschlossenheit und Arbeitermangel. Als Inseln sind die Mascarenen dem Weltverkehr leicht zugängig, auf dem Festland liegt die Industrie in unmittelbarer Nähe der Küste; in beiden Fällen beansprucht der Transport des fertigen Produktes von der Fabrik zum Hafen nur geringen Kostenaufwand. Der Versand der Baumwolle z. B. aus den Ginnereien Ugandas bis zum Hafen Mombassa erfordert dagegen außer Träger-

1) Eine große Gesellschaft hat schon mit der Rohrkultur begonnen und schickt sich an, eine Fabrik zu errichten (98, 1924, S. 39).

und Wagentransport und Verfrachtung auf dem Viktoriasee einen Bahntransport von 940 km Länge. Auch die Arbeiterfrage tritt gegenüber andern Faktoren stark zurück. Der indische Kuli ist ein guter Feld- und Fabrikarbeiter und in reichlicher Anzahl vorhanden, soweit nicht aus politischen Gründen die Einwanderung von Asiaten beschränkt ist.

Die Nebenindustrie der Rohrzuckerindustrie gewinnt aus der Melasse, einem Nebenprodukt der Zuckerfabrikation, den Rum. Auf Reunion — bis zum Verbot der Regierung auch in Angola — ist die Rumindustrie eigentlich die Hauptindustrie geworden. Hier gewinnt man den Alkohol meist aus dem Saft des Rohres selbst. Im folgenden ist die Rumindustrie mit der Zuckerindustrie in den einzelnen Gebieten jeweils zusammen behandelt.

Das Zuckerrohr (Saccharum officinarum), das in zahlreichen Arten vorkommt, wird zwischen 3 und 6 m hoch und 2—6 cm dick. Es enthält 90% Saft. Je nach Klima, Art und Boden schwankt der Gehalt des Rohres an Zucker (Sukrose) zwischen 14 und 20%. Wenn auch das Rohr in einer Reihe von subtropischen Ländern angebaut wird, so findet es seine günstigsten Daseinsbedingungen in den Tropen. Mit zunehmender Entfernung vom Äquator und auch mit steigender Meereshöhe nimmt der Zuckergehalt des Rohres ab, und die Reifezeit dehnt sich im allgemeinen aus. Je nach den Temperatur- und Feuchtigkeitsverhältnissen der einzelnen Jahre ist der Zuckergehalt und damit der Ertrag größeren Schwankungen unterworfen. In tropischen Ländern reift das Rohr in 15 Monaten und liefert drei Schnitte — der letzte allerdings mit stark verringertem Ertrag —, in halbtropischen und subtropischen Gebieten bringt es erst nach 20—25 Monaten Ertrag und gestattet nur zwei Schnitte. An Gehalt und Reinheit des Zuckersaftes ist das Rohr der Zuckerrübe überlegen.

Das Rohr wird heute in Fabriken mit modernen Maschinen, die meist mit Dampf betrieben werden, verarbeitet. Es wird von Walzen gemahlen, um den Saft von den holzigen Bestandteilen des Rohres zu trennen. Diese Maschinen müssen besonders stark sein in Gebieten, wo aus klimatischen und edaphischen Gründen eine besonders harte Rohrart vorherrscht, wie im Süden von Mosambik und in Natal vornehmlich das widerstandsfähige Yuba-Rohr angebaut wird. Die von dem Saft befreite holzige Masse (Bagasse) wird mit heißem Wasser behandelt und noch ein Teil des zurückgebliebenen Zuckers gewonnen. Die Bagasse wird dann getrocknet und als Feuerungsmaterial verwandt. Der Saft wird gekocht, einem mechanischen und chemischen Reinigungsverfahren unterworfen und schließlich in Vakuumapparaten zum Syrup eingedickt. In Zentrifugen wird dann die Melasse von den Zuckerkristallen getrennt. Bei dem ganzen Fabrikationsvorgang wird viel Wasser verbraucht. Das moderne Diffusionsverfahren, das bei der Zuckerrübe fast ausschließlich angewendet wird, scheint sich bei der Rohrzuckerindustrie nicht bewährt zu haben (26, 1921). Bei der Zuckerrübe gestattet dieses Verfahren eine höhere Ausnützung des Zuckergehaltes.

a) Saisonbetrieb.

Da wegen der geringen Haltbarkeit das Rohr nicht gestapelt werden kann, sondern gleich nach der Ernte verarbeitet werden muß, so trägt die Rohrzuckerindustrie ausgesprochen das Merkmal des Saisoncharakters. Während der Saison bedarf es intensivster Kraftanspannung, Tag und Nacht, sonntags und werktags arbeiten die Maschinen. Die Saison dauert durchschnittlich etwa 4—5 Monate, in klimatisch begünstigten Tropengebieten auch länger. Die übrige Zeit liegt die Fabrik still. Ein Teil der Fabriken stellt allerdings während der Saison nur den Syrup, ein haltbares Produkt, her und verarbeitet ihn in der „ruhigen Zeit" zu Rohzucker, einige wenige von den modernen Fabriken schließen auch gleich die Raffinade an. Die kleineren, wie es vielfach in Natal der Fall ist, stellen nur den Syrup her und liefern ihn zur Weiterverarbeitung an die größeren Fabriken. Da die Herstellung von Rum oft mit der Zuckergewinnung verbunden ist, können solche Fabriken die „ruhige Zeit" durch Destillieren ausfüllen. Die Herstellung von Papiermasse aus der Bagasse, die man in der Rohrzuckerindustrie Luisianas häufig findet, hat sich in Afrika noch nicht eingebürgert.

Im allgemeinen wird der Rohrzucker in den kolonialen Ländern noch nicht raffiniert, am wenigsten noch in den afrikanischen Tropen. Die Raffinierindustrie hat ihren Standort gewöhnlich in den Verbrauchsländern. Der in den tropischen Produktionsländern verbrauchte Zucker ist meist Rohzucker.

b) Standort der Industrie.

Der Standort der Zuckerfabriken ist eng begrenzt. Er ist unmittelbar an das Vorkommen des Rohranbaues geknüpft. Diese Tatsache ergibt sich daraus, daß reifes Rohr zu einem bestimmten Zeitpunkt den höchsten Sukrosegehalt aufweist und dieser nachher wieder abnimmt, dann aus der geringen Haltbarkeit des geschnittenen Rohres. Wird es nicht gleich nach der Ernte verarbeitet, so verliert es schon am ersten Tag 3% seines gewinnbaren Sukrosegehalts, nach 2 Tagen

8% und nach 4 Tagen sogar rund 33%. Dieser Verlust vollzieht sich teils durch Eintrocknen, teils durch chemische Zersetzung. Dazu kommt noch, daß die verletzten Teile des Rohres sehr schnell in Gärung übergehen und eine Verarbeitung dann nicht mehr zulassen. Deshalb legt man die Fabriken möglichst in der Mitte der Rohrplantagen an und verbindet sie durch Fahrstraßen und Feldbahnen mit den einzelnen Feldern, damit das Rohr nach der Ernte auf dem schnellsten Weg zur Fabrik gelangen kann. Im Vergleich hierzu ist dem Standort der Zuckerrübenfabriken ein weiterer Spielraum gewährt. Die größere Transportfähigkeit der Rübe und ihre größere Haltbarkeit, die eine Aufstapelung von mehreren Monaten verträgt, kann bei der Anlage einer Rübenzuckerfabrik mehr verkehrsgeographische Gesichtspunkte in den Vordergrund treten lassen. Man kann sagen, daß die Rohrzuckerfabrik das Bestreben zeigt, auf das Feld zu wandern, die Rübenzuckerfabrik mehr in die Stadt, sich somit eine günstige Verkehrslage auswählen kann, sowohl für den Antransport der Rüben wie für den Abtransport des Zuckers. Ihr Wirkungsradius reicht weiter, sie ist deshalb auch meist größer als ihre Schwester in den warmen Ländern. Abgesehen von der Sisalindustrie hat die Rohrzuckerindustrie den am engsten begrenzten Standort von allen afrikanisch-tropischen Industrien. Sogar bei der Palmölindustrie ist er weiter gefaßt, da man die Früchte der Palme, wenn sie auch gegen Transport sehr empfindsam sind, immerhin eine Reihe von Tagen lagern kann.

Die Rohrzuckerfabrikation erfordert viel Wasser. Der Standort der Fabrik ist deshalb auch an das Vorkommen reichlicher Wassermengen gebunden. Da das Wachstum des Rohres ebenfalls viel Wasser verlangt, ergibt sich in dieser Hinsicht für Fabrik und Anbau dieselbe Standortsbedingung. Die Fabriken liegen aus diesem Grunde meist an Flüssen. Wenn sich aber aus edaphischen, klimatischen und Gründen des Raumes der Anbau vom Fluß entfernt, ist die Fabrik gezwungen mitzuwandern.

Wie schon oben erwähnt, hat sich bis jetzt die Rohrzuckerindustrie im tropischen Afrika noch nicht weit von einer günstigen natürlichen Verkehrslage entfernt. Auf den Inseln liegen die Fabriken meist in den Küstenebenen und beanspruchen für ihre Produkte nur einen geringen Eisenbahntransport bis zum Hafen. In Mosambik, ähnlich auch in Angola, liegen sie in der Nähe von Hafenplätzen oder an einem schiffbaren Fluß (Sambesi, Cuanza). Nur in Natal wird der Zucker auf eine größere Strecke mit der Eisenbahn bis zum Hafen Durban transportiert.

c) Versorgung mit Arbeitern.

Eine reichliche Versorgung mit Arbeitskräften ist für Rohranbau und -verarbeitung eine unerläßliche Vorbedingung. Neben einer hohen Zahl von Arbeitern erfordert die Tätigkeit auf dem Felde wie in der Fabrik Geschicklichkeit und Sorgfalt. Beiden Ansprüchen an Zahl und Güte entspricht der indische Arbeiter vollauf. Mit den Eingeborenen des tropischen Afrika allein hätte man die Zuckerrohrkultur nicht zu ihrer heutigen Blüte bringen können. Deshalb findet man auch überall dort, wo der Inder mehr oder minder ungehemmt Zutritt hat, wie auf Mauritius[1]), kaum eine Arbeiterfrage. Auf dem Festland dagegen, wo der Zustrom dieser Arbeitskräfte stark eingeschränkt ist, besteht eine solche. In Natal ist sie erst in den letzten Jahren entstanden, als die Regierung der südafrikanischen Union die Zuwanderung von Indern verbot und nur eine Kontraktverlängerung für die noch im Lande vorhandenen gestattete. Man ist deshalb bemüht, den Zulukaffer als Ersatz für den Inder in der Industrie heranzuziehen. In Mosambik bedient man sich fast ausschließlich eingeborener Arbeiter und zieht aus dem Innern Wanderarbeiter heran, da die heimischen Kräfte nicht ausreichen. Da aber auch nicht genügend Wanderarbeiter zur Verfügung stehen, entwickelt sich die Zuckerkultur hier sehr langsam. Ebenso ist in Angola für das Wiederaufblühen der Kultur die Versorgung mit der nötigen Menschenkraft ein ausschlaggebender Faktor.

Bei der Notwendigkeit, Anbau und Fabrikation des Zuckers örtlich miteinander zu verbinden, ist die gegebene Form die Großkultur, die Plantage, die beides miteinander verbindet. Die Plantagenkultur herrscht denn auch im tropischen Afrika in der Zuckerrohrkultur vor. Daneben bestehen noch Kleinkulturen, die sich nur mit dem Anbau des Rohres auf einer kleinen Fläche abgeben und ihre Ernten an die Fabriken der Plantagen oder an solche ohne eigenen Anbau abliefern. Die Fabriken müssen dann eine zentrale Lage haben. Die Kleinkulturen finden sich besonders im Zululand und auf Mauritius. In Natal hat man sie eingeführt, um sich im Zulukaffer einen Ersatz für den Inder zu schaffen. Auf Mauritius sind sie eine Folge der allmählichen Aufteilung des im Besitz von Indern befindlichen Bodens durch Vererbung und Verkauf sowie der Zentralisation der Zuckerindustrie in den letzten Jahrzehnten. Durch diesen Zusammenschluß der Industrie auf eine geringere Anzahl größerer leistungsfähiger Fabriken werden die kleinen Zuckermühlen nach und nach stillgelegt und die Ernte des zugehörigen Bodens den größeren Fabriken zugeführt.

1) Darüber, daß auch hier seit 1910 durch das Zuwanderungsverbot der indischen Regierung fühlbarer Arbeitermangel eingetreten ist, siehe weiter unten.

d) Die einzelnen Gebiete.

Mauritius. Zuckerindustrie. Die wirtschaftliche Bedeutung der rund 1865 qkm großen Insel Mauritius beruht auf dem Anbau und der Verarbeitung des Zuckerrohrs. Die Rum- und Fasergewinnung, zwei andere wichtige Erwerbszweige der Insel, treten hinter der Zuckergewinnung zurück. Von den 378000 Einwohnern der Insel Anfang 1923 — darunter waren allein $\frac{2}{3}$ Inder — sind mehr als $\frac{1}{3}$ im Rohranbau und in den Zuckerfabriken tätig. Ende 1923 waren 171000 acres mit Rohr bepflanzt ($\frac{1}{3}$ der Inselfläche). Davon haben allein die Inder 45% in eignem Besitz mit Kleinkulturen, die immer mehr zunehmen.

Mauritius besitzt acht Zuckerdistrikte:

Zuckerproduktion in 1000 m. t.[1])

	1921	1920	1915
Pamplemousses	48,43	59,16	39,54
Revière du Rempart			
Flacq	33,77	45,35	37,94
Moka	28,04	37,58	34,91
Plaines Wilhems	14,54	21,36	13,45
Rivière Noire	6,15	7,57	5,13
Savanne	31,71	41,55	40,65
Grand Port	34,78	47,30	42,91
	197,42	259,87	214,53

1910 und 1914 verteilten sich die Fabriken auf die einzelnen Distrikte wie folgt:

	1910	1914[2])
Savanne	13	11
Grand Port	13	12
Flacq	9	8
Moka	7	6
Rivière du Rempart	8	7
Pamplemousses	9	9
Plaines Wilhems	4	4
Rivière Noire	2	2
	65	59

Die Zahl der Fabriken hat also von 1910—1914 um 6 abgenommen, bis 1920 sogar um 11. Diese Abnahme ist eine Folge der oben er-

1) Aus (90). 2) Aus dem Bericht des franz. Konsuls 1912 und 1915.

wähnten Zentralisierung der Zuckerindustrie, welche die Herstellung des Zuckers in modernen Fabriken zusammenfassen will und die kleinen Zuckermühlen und unwirtschaftlich arbeitenden Fabriken stillegt. Die Produktion hat dabei zugenommen, ebenso das Ausbeuteverhältnis, da es durch die Einführung moderner Maschinen gelungen ist, aus dem geernteten Rohr größere Mengen an Zucker zu gewinnen. Es bestanden:

1875	171	Fabriken,	die rd.	120,000 t	Zucker	produzierten
1900	95	,,	,, ,,	158,000 ,,	,,	,,
1905	74	,,	,, ,,	186,000 ,,	,,	,,
1910	65	,,	,, ,,	253,000 ,,	,,	,,
1914	59	,,	,, ,,	250,000 ,,	,,	,,
1920	54	,,	,, ,,	240,000 ,,	,,	,,
1923	50	,,	,, ,,	228,000 ,,[1]	,,	,,

Die Zahl der Fabriken hat sich also seit 1875 um mehr als $\frac{2}{3}$ verringert, die Produktion dagegen verdoppelt. Die Abnahme der Fabriken wird vorerst noch weiter vor sich gehen[2]), die Modernisierung der Betriebe also zunehmen.

Die Leistungsfähigkeit der 50 Zuckerfabriken, die 1923 arbeiteten, schwankt zwischen 1500 und 15000 t. Eine Reihe von ihnen benutzt Wasserkraft zur Erzeugung elektrischer Energie.[3])

Seit der Aufhebung der Sklaverei im Jahre 1835 ist die Versorgung der Pflanzungen und Fabriken mit den nötigen Arbeitskräften durch Kontraktarbeit indischer Einwanderer sichergestellt. Die indischen Kulis verpflichten sich durch Vertrag auf 5 Jahre, nach dessen Ablauf ein Teil in die Heimat zurückwandert, der andere kleinere Grundstücke zum Anbau von Zuckerrohr erwirbt und sich auf der Insel seßhaft macht. In den ersten Jahren ihrer Vertragszeit werden die Kulis auf den Feldern beschäftigt. Dann hält man eine Auslese unter ihnen; die geschicktesten wandern in die Fabrik zur Bedienung der Maschinen, die andern bleiben auf den Feldern.

Bis zum Jahr 1910 ging die Einwanderung indischer Kontraktarbeiter ungehemmt vor sich, wurde dann aber von der indischen Regierung unterbunden. Diese gestattete nachher wieder, auf kurze Vertragszeit im Jahr 1500 Inder anzuwerben. Jedenfalls bereitet heute die Beschaffung der nötigen Arbeitskräfte der Industrie Schwierigkeiten, zumal die auf der Insel seßhaft werdenden Inder ihr eignes Land kultivieren und für die Fabrik und deren Plantage meist als

1) Schwankungen in der Produktion sind zur Hauptsache auf ungünstige Preisentwicklung auf dem Weltmarkt zurückzuführen.

2) (99, 1924.) 3) (90, S. 46 A.)

Arbeitskraft ausscheiden. Kontraktarbeiter (Einwanderer und Kreolen) gab es 1924: 17700.

Seit dem Auftreten der Surrakrankheit, der fast sämtliches Transportvieh zum Opfer fiel, ist man zur vermehrten Anwendung moderner mechanischer Transportmittel übergegangen, neuerdings auch, um die knapper werdenden Arbeitskräfte zu ersparen, eine Bestrebung, die auch in den Fabriken durch Anwendung arbeitskraftsparender Maschinen immer mehr hervortritt. Zuckerrohr und die fertigen Produkte der Fabrik befördert man heute fast nur noch durch Drahtseilbahn, Feldbahn und die Staatsbahnen. Auch letztere dienen auf Mauritius der Beförderung von Zuckerrohr aus dem Innern der Insel zu den Fabriken an der Küste.[1]) Die Insel besitzt eine Eisenbahnlänge von 193 km Vollspur- und 38 km Kleinbahnen[2]), wodurch die Zuckerdistrikte alle miteinander und mit der Küste verbunden sind. Unter allen afrikanischen Kolonien ist Mauritius im Verhältnis zur Fläche des Landes am besten mit Eisenbahnen versehen (auf 100 qkm 12 km). Dazu kommen noch über 1200 km Feldbahnen der Plantagen und über 1100 km Fahrstraßen. Auch der Kraftwagenverkehr ist stark entwickelt. Anfang 1923 gab es schon 2111 Personen- und 139 Lastkraftwagen, dazu 239 Motorräder. Mangel an Verkehrswegen und -mitteln hat die Zuckerindustrie nicht.

Der französische Konsulatsbericht von Januar 1911 stellt folgende 4 Entwicklungsstufen der Zuckerindustrie auf Mauritius auf:

1. Zentralisation der Zuckergewinnung,
2. Einführung moderner Maschinen und wissenschaftliche Kontrolle der Industrie,
3. Anwendung der mechanischen Transportkraft,
4. Zunahme der kleinen Pflanzungen ohne Fabrik.

Rumindustrie. Auf Mauritius ist im Gegensatz zu Reunion die Rumindustrie als Nebenindustrie der Zuckergewinnung wenig entwickelt. Man richtet auf der Insel das Hauptaugenmerk auf den Zucker und destilliert nur die minderwertigen Abfallprodukte, die Bagasse und Melasse. Die Destillation geschieht meist mit primitiven Apparaten durch die Eingeborenen. Der hier hergestellte Rum ist im Vergleich zu dem Reunions nur minderwertig. Die Hauptverbraucherin ist die Insel selbst. Neben der primitiven Destillation gibt es noch

---

1) Aus diesen Transporten ziehen die Staatsbahnen ihre Haupteinnahmen. Da jede neue Linie bisher eine Steigerung der Zuckererzeugung in dem betreffenden Bezirk zur Folge hatte, soll mit dem Bau von Zweigbahnen fortgefahren werden. 2) (99, 1921 u. 1922.)

drei neuzeitliche Destillerien, die 1923: 1750000 l Rum herstellten. Eine neuartige Industrie ist 1922 mit der Errichtung einer Kraftalkoholfabrik auf der St. Antoine Plantage im Norden der Insel aufgenommen worden. Die Fabrik besitzt eine tägliche Leistungsfähigkeit von 5000 l Alkohol vom Natalit-Typ.

Reunion. Zuckerindustrie. Auf der französischen Insel Reunion hat die Rohrzuckerindustrie von ihrem hohen Stand im vorigen Jahrhundert infolge ungünstiger Preisentwicklung auf dem Weltmarkt, Mißernten und Zerstörungen durch Zyklonen eine Rückentwicklung erfahren. Sie liegt heute noch sehr darnieder. Wenige ihrer Zuckerfabriken reichen in ihrer Arbeitsleistung an kleine Fabriken von Mauritius heran. Sie arbeiten noch mit veralteten Maschinen. In neuester Zeit sind von Pflanzern auf Mauritius Fabriken mit den zugehörigen Pflanzungen auf Reunion erworben worden, welche die Aufstellung moderner Maschinen und die Hebung der Zuckerproduktion betreiben wollen.

Den Höhepunkt erreichte die Zuckerindustrie 1859/60 mit 116 Fabriken[1]) und einer Produktion von 68500 t. 1900 betrug die Zahl der Fabriken nur noch 44, die Erzeugung ging auf rund 40000 t zurück. Auf Reunion bedeutet also der Rückgang in der Zahl der Fabriken im Vergleich mit Mauritius nicht eine Zunahme der Produktion, sondern eine bedeutende Abnahme. Seitdem schwankt die Erzeugung um 40000 t trotz weiterer Stillegung von Fabriken. Es hat sich, wenn auch in bescheidenerm Umfang als auf der englischen Insel, eine Modernisierung der Betriebe durchgesetzt. 1925 stellten 16 Fabriken 52000 t Zucker her.

Auf Reunion hat der indische Kuli nicht die leichte Zuwanderungsmöglichkeit wie auf Mauritius, so daß sich in der Zuckerindustrie ein gewisser Arbeitermangel fühlbar macht. Dies liegt nicht an einer Zuwanderungsbeschränkung von Seiten der Franzosen, sondern Indien gestattet die Auswanderung von Kulis nach Reunion nur, wenn der französische Pflanzer dem Arbeiter hohen Lohn und günstige Arbeitsbedingungen garantiert. Dies bringt dem französischen Unternehmer eine bedeutende finanzielle Belastung und macht ihn gegenüber dem englischen auf der Schwesterinsel weniger konkurrenzfähig. Es sind auf der Insel, deren Bevölkerung etwa zu 80% aus Farbigen und Mischlingen besteht, genug Arbeiter vorhanden, die ohne Zuzug von außen die Zuckerindustrie heben könnten. Sie sind aber nur schwer an regelmäßige Arbeit zu gewöhnen.

---

1) Von diesen arbeiteten 14 mit Wasserkraft und 102 mit Dampfmaschinen.

Da das Innere der Insel sehr gebirgig ist, beschränkt sich Anbau und Fabrikation des Zuckers auf die Küstengegenden. Das Innere ist durch Eisenbahnen noch nicht erschlossen. Die 126 km lange Küstenbahn verbindet die einzelnen Zuckerdistrikte miteinander und dem Haupthafen der Insel Pointe des Galets. 520 Automobile, darunter 56 Lastwagen, dienten Anfang 1925 dem Verkehr.

Rumindustrie. Rum gewinnt man auf der Insel aus dem Syrup und der Melasse. Da man sich hier moderner Destillierapparate bedient, ist der Rum hochwertig und gelangt zum großen Teil zur Ausfuhr. 1920 waren 23 größere Rumdestillerien, die sog. Guildiveries, in Betrieb. Der Export belief sich 1924 auf 69000 hl.

Komoren. Auf den afrikanischen Inseln im Indischen Ozean findet sich Zucker- und Rumindustrie in geringem Umfange noch auf den Hauptinseln der Komoren. Auf Mayotte bestehen zwei Zuckerfabriken mit je einer Destillerie (Zuckerexport 1923: 109 t). Anjouan besitzt zwei Zuckerfabriken mit einer Rumdestillerie.

Madagaskar. Die Eingeborenen bauen hier für eigne Zwecke Rohr an, das sie mit primitiven Mitteln aufbereiten. Zwei kleine Zuckermühlen existieren in Tamatave und Brickaville (Ostküste). Der Zuckerertrag von 1923 wird auf 700 t geschätzt. Neuerdings ist eine moderne Zuckerfabrik in Dzamanzar auf Nossi Bé erbaut worden, die 1923/24 550 t Zucker nach Frankreich versandte. Sie hat eine Leistungsfähigkeit von 5000 t.

Natal. Zuckerindustrie. Die Zuckerindustrie ist in Natal in den 50er Jahren des vorigen Jahrhunderts eingeführt worden. Verarbeitet wurde das Rohr wie auf Mauritius zuerst in primitiven Mühlen, deren in der ersten Zeit in der Gegend von Durban etwa 12 bestanden. Nach und nach wurden moderne Maschinen eingeführt. Bis 1905 hielt sich die Produktion in niedrigen Grenzen. Sie überstieg bis dahin jährlich nicht 30000 t. Seit dieser Zeit setzte der Aufschwung ein, als sich die Zuckerindustrie unter einem wirksamen Zollschutz in den für den Rohranbau sehr günstigen tropischen Küstenstrichen des Zululandes entwickelte. Die Produktion erreichte 1910 schon 82000 t und überstieg 1923/24: 206000 t.

Der Zuckerrohranbau und damit die Zuckerindustrie beschränken sich auf den schmalen tropischen Küstensaum des Zululandes und den sich südlich daran anschließenden mehr subtropischen über Durban hinaus bis in die Gegend von Port Shepstone mit einer Gesamtlänge von 370 km. Bei der größeren Ergiebigkeit des Anbaus im Norden der Kolonie ist hier die Zuckerindustrie am stärksten entwickelt. Von den

27 Fabriken, die 1918 bestanden, lagen allein 20 zwischen Durban und dem Endpunkt der Nordküstenbahn. Daneben sind zwei Raffinerien in Betrieb mit einer jährlichen Produktionsfähigkeit von zusammen 60000 t. Die eine liegt bei South Coast Junction in der Nähe von Durban, die andere in Congella.

Das Rohr braucht in Natal zwei Jahre zum Wachsen. Die Anbaufläche zur Erzeugung gleicher Zuckermengen wie in rein tropischen Gebieten ist hier also doppelt so groß. Diese Tatsache muß natürlich Zahl, Größe und Lage der Fabriken beeinflussen.

In Natal gibt es neben der Großzuckerrohrkultur eine ausgedehnte Kleinkultur. Diese herrscht im Zululand vor. Sie wird von der Regierung gefördert, die zur Besiedlung dieses jungen Koloniallandes Landflächen an kleine Pflanzer verpachtet unter der Verpflichtung, ein bestimmtes Areal mit Rohr zu bebauen. Diese Pflanzer liefern das Rohr an zentral gelegene Fabriken. Von den 27 Fabriken, die 1923 in Betrieb waren, verarbeiteten 10 Zentralfabriken das Rohr aus den Kleinkulturen, 17 verfügten über eigne Pflanzungen. Sie kaufen das Rohr der Kleinkulturen zur Ergänzung ihrer Fabrikation.

Die Zuckerindustrie Natals ist mit Hilfe des indischen Arbeiters groß geworden. Seitdem die Regierung die Einfuhr neuer indischer Arbeitskräfte untersagt hat, haben die Pflanzungen und Fabriken unter Arbeitermangel zu leiden. Erst allmählich werden die Zulukaffern zur Arbeit in Pflanzung und Fabrik erzogen. Da vor allem der Norden Natals verhältnismäßig dicht mit Eingeborenen besiedelt ist, würden sie der Zahl nach für die Versorgung der Zuckerindustrie ausreichen. Körperlich sind sie jedenfalls dem indischen Kuli überlegen, ihre Geschicklichkeit und Arbeitsfreude reicht aber bei ihrem niederen Kulturstand nicht entfernt an die der Inder heran. Nach „The Star", Johannesburg[1]), sollen 1920 schon 60% der Arbeiter in den Rohrpflanzungen und Fabriken aus Eingeborenen bestanden haben. Zwischen Indern und Eingeborenen herrscht eine gewisse Arbeitsteilung, jene betätigen sich wegen ihrer Geschicklichkeit mehr in den Fabriken, diese verrichten die Arbeiten auf dem Felde. Der Arbeitermangel wird verschärft durch die Anwerbung Farbiger aus Natal für die Minenindustrie am Witwaters Rand.

Die Zuckerrohrzone ist durch die Nord- und Südküstenbahn verkehrsgeographisch erschlossen. Die beiden Bahnen gehen vom Hauptfhafenplatz Durban aus und durchschneiden diese Zone ihrer ganzen Länge nach. Sie sind gewissermaßen ihr Rückgrat. Die Pflanzungen

1) Vom 14. 6. 20.

liegen zu beiden Seiten der Bahn, die Fabriken direkt daran oder in unmittelbarer Nähe. Die Nordküstenbahn erreicht eine Länge von 235 km von Durban bis zu ihrem Endpunkt bei Somkeli, die Südküstenbahn Durban bis Port Shepstone über 100 km. Da Natal verhältnismäßig reich an Kohlenschätzen ist, bedienen sich die Zuckerfabriken vorwiegend der Kohle als Brennmaterial. Die Nordküstenbahn verbindet die Fabriken unmittelbar mit den Kohlenminen des Zululandes.

Nebenindustrie. Die Abfallprodukte aus der Zuckerfabrikation werden in Natal in modernen Destillerien zu hochwertigem Methylalkohol und Rum verarbeitet. In Merebank bei Durban stellt eine Fabrik einen Betriebsstoff für Motore, den sog. Natalit, aus der Zuckermelasse her.

Mosambik. Die Zuckerindustrie in Mosambik ist erst jungen Datums. 1890 wurde im Sambesi-Delta die erste Rohrplantage mit Fabrik angelegt. Nach und nach kamen weitere Plantagen und Fabriken hinzu. Durch Zoll geschützt und gestützt durch niedrige Produktionskosten im Vergleich zu Natal und Mauritius — niedrigere Löhne für die eingeborenen Arbeiter und klimatische Begünstigung — erreichte die Zuckerproduktion 1900: 2600 t, 10 Jahre später 15700 t und 1914 schon 40000 t. Diese Zahl ist zwar im Vergleich zu der von Natal und Mauritius noch gering, beweist aber die aufsteigende Entwicklung der jungen Industrie in der portugiesischen Provinz. Nach 1914 ist die Entwicklung infolge des Krieges und besonders wegen Arbeiterschwierigkeiten zeitweise zum Stillstand gelangt. 1924 betrug die Produktion 36000 t.

Mosambik hat fünf mehr oder minder entwickelte Zuckerdistrikte. Die beiden Hauptdistrikte sind der des Sambesi-Deltas und der Buzi-Distrikt südlich von Beira. Es bestehen in der Provinz 10 Fabriken:

	1911	1921
1. Plantage und Fabrik Villa Fontes am Sambesi .	11 000 t	10 500 t
2. ,, ,, ,, Mopea am Sambesi	6 500 ,,	12 200 ,,
3. ,, ,, ,, Marromeu am Sambesi . .	3 500 ,,	15 900 ,,
4. ,, ,, ,, Nhamacurra bei Quelimane	300 ,,	
5. ,, ,, ,, Inhanguvo am Buzi . . .	3 100 ,, }	8 400 ,,
6. ,, ,, ,, Lusitania am Buzi	1 700 ,, }	
7. ,, ,, ,, Mutumba bei Inhambane .	1 500 ,,	2 000 ,,
8. ,, ,, ,, Movene am Inkomati . . .	—	600 ,,
9. ,, ,, ,, Xinavane am Inkomati . .	—	1 500 ,,

Dazu kommt noch eine unbedeutende Fabrik im Unterdistrikt Maxixe.

Die drei großen Fabriken am Sambesi, die den Sena Sugar Estates gehören, haben ihre Produktion besonders durch Anwendung neuzeitlicher Maschinen erhöhen können. Ihre Leistungsfähigkeit soll auf 60000 t gesteigert werden.[1]) Der Fabrik in Marromeu ist eine Raffinerie angegliedert. In den Sena-Fabriken und -Plantagen arbeiten 120 Weiße und 12000 Eingeborene. Die Fabrik von Nhamacurra ist die einzige in der Provinz, die Alkohol herstellt. Die beiden Fabriken am Buzi haben eine Leistungsfähigkeit von 16000 t, eine davon allein 12000 t.[2])

Geplant und vorbereitet ist der Neubau einer Zuckerfabrik im fruchtbaren Inhassume-Tal. Von der Incomati Sugar Comp. soll eine neue Fabrik am Maputa errichtet und die Leistung ihrer derzeitigen Fabrik auf 20000 t gebracht werden.[3])

Der Zuckerrohranbau ist in Mosambik Großkultur, die sich in den oben angeführten Plantagen darstellt. Daneben beginnt sich am Rio Pungue auch Kleinkultur zu entwickeln. Eine zentral gelegene Fabrik hat sich für die kleinen Anbauer als notwendig erwiesen (5, 19th. Ed.).

Da in der Zuckerindustrie Mosambiks der indische Arbeiter nicht oder nur in verschwindender Anzahl beschäftigt ist, steht diese im Zeichen eines ausgeprägten Arbeitermangels. Die einheimische Bevölkerung reicht nicht aus und steht noch auf niedriger Kulturstufe. Einen Ausgleich bringen die Wanderarbeiter aus dem Schire- und Angoniland, welche die Industrie jedesmal für kurze Zeit (6—9 Monate) verpflichtet. Als Unterrichter hat man Neger aus der westindischen Rohrzuckerindustrie angestellt, die 3 Fabriken am Sambesi beschäftigen 35 westindische Neger. Der Hauptgrund, weshalb sich die Industrie einheimischer und nicht indischer Arbeitskräfte bedient, sind die niedrigen Löhne. Ebenso wie in Natal wird der Arbeitermangel hier durch Anwerbung für die Minenindustrie Transvaals verschärft. Eine Erhöhung der Produktion wird sich nur durch Behebung der Arbeiterschwierigkeiten ermöglichen lassen (4, 1922, Nr. 1002).

Die Fabriken haben sämtlich eine günstige Verkehrslage. Mit den Plantagen stehen sie durch Feldbahnen in Verbindung. Den Abtransport des Zuckers vermitteln die Flüsse und Eisenbahnen. Die Fabriken am Sambesi haben den Wasserweg und die Transsambesi-Bahn nach Beira zur Verfügung, die beiden Fabriken am Buzi, die

1) (4, 5. 8. 22.)

2) Die Zahlenangaben über die Fabriken sind im wesentlichen dem Bericht des amerikanischen Konsuls von 1923 entnommen (112). 3) (132, 3./4. 1922.)

sich an diesem Fluß gegenüber liegen, den Wasserweg, Mutumba die Eisenbahn zum Hafen Inhambane, Movene die Delagoa-Bahn und Xinavane einen 90 km langen Abzweiger dieser Bahn von Moamba aus. Sehr günstig liegen vor allem die beiden letzteren zum Hafen Lourenço Marques und zu den Verbraucherzentren in Südafrika.

Ehemaliges Deutsch-Ostafrika. Im ehemaligen Deutsch-Ostafrika gibt es noch keine Rohrzuckerindustrie, obwohl auch hier die natürlichen Bedingungen verhältnismäßig günstig sind. Von den früher so zahlreichen arabischen Mühlen stehen heute nur noch die Ruinen. In bescheidenem Umfang wird allerdings noch Zuckerrohr angebaut und auf primitive Weise aufbereitet. Den Bestrebungen der deutschen Regierung, diese Kultur wieder zu heben, ist kein Erfolg beschieden gewesen. Die zu diesem Zweck im Pangani-Tal erbaute große Zuckerfabrik ist überhaupt nicht in Tätigkeit getreten. Das englische Blaubuch erwähnt nur eine Zuckermühle (21).

Kenya-Kolonie. Durch hohen Schutzzoll ist es der englischen Regierung in den letzten Jahren gelungen, hier eine Zuckerindustrie ins Leben zu rufen, die heute zwar noch im Anfangsstadium steht, aber gute Aussichten auf Erfolg hat. Zuckerrohr wird von den Eingeborenen schon seit langem angebaut, aber fast nur zur Schnapsgewinnung verwendet. Diese Kulturen und neuangelegte Plantagen bilden die Grundlage der Zuckerindustrie. Vier neue Fabriken sind im Betrieb, je eine in Kibos, Muhorroni, Miwani und Ruiru. Diese sollen, wenn im vollen Betrieb, mehr als den heimischen Bedarf decken können (104, 1924). Außerdem ist eine Fabrik zur Herstellung von Kraftalkohol (Natalit) in Betrieb.

Uganda. In dieser Kolonie gibt es jetzt zwei neuzeitliche Zuckerfabriken, eine in Jinga, die andere in Lugazi.

Angola. Die Rohrkultur war vor 1905 in Angola sehr bedeutend. Das Rohr diente allerdings nur im geringen Maße der Zuckerindustrie als Rohstoff, wurde vielmehr auf Alkohol verarbeitet. Seitdem 1905 die Alkoholherstellung mit hohen Abgaben belastet und 1911 ganz verboten wurde, ist der Anbau sehr stark zurückgegangen. Heute dient er lediglich zur Versorgung der Zuckerindustrie, deren Produktion sich noch in bescheidenen Grenzen hält. Die Ausfuhr betrug 1923 7000 t. Zur Hebung der Industrie sucht die Regierung die Kultur des Rohres zu fördern und die stillgelegten Destillerien in Zuckerfabriken umzuwandeln (1). Es gibt in Angola folgende Fabriken mit Plantagen:

1. Fabrik „Tentativa“ am Dande (6 km von Caxito).
2. Fabrik „Bom Jesus“ am Cuanza (38 km von Loanda).

3. Fabrik „Araujo“ bei Novo Redondo.
4. Fabrik „Boaven Auranca“ in Novo Redondo.
5. Fabrik „Cassequel“ bei Catumbella (6000 t jährlich).
6. Fabrik in Dombe Grande bei Benguella.
7. Fabrik in Mossamedes.

Eine weitere Fabrik ist im Bau in der Amboin-Region mit einer Leistungsfähigkeit von 10000 t. Daneben gibt es noch zwei Alkoholfabriken, die Fabrik „Gratidâo“ am Dande, 21 km von Caxito, die größere, die andere Destillerie ist mit der Zuckerfabrik „Cassequel“ verbunden und stellt denaturierten Alkohol her.

Die Arbeiterfrage ist in Angola gesetzlich geregelt, für regelmäßige Versorgung von Pflanzungen und Fabriken ist gesorgt (1, S. 523).

Mit dem Anbau des Rohres sind auch die Fabriken auf die Küstenebene beschränkt. Die Fabrik am Cuanza hat den auf 200 km schiffbaren unteren Teil dieses Flusses als Verkehrsweg zur Verfügung. Die Fabrik „Tentativa“ liegt am schiffbaren untern Dande etwa 10 km von seiner Mündung. Die andern Fabriken befinden sich in der Nähe der Küste nicht weit von Hafenplätzen.

3. Die Baumwollaufbereitungsindustrie.[1])

Der Baumwollanbau im tropischen Afrika ist aus dem Bestreben der europäischen Kolonialmächte hervorgegangen, sich von der erdrückenden Vormachtstellung der Vereinigten Staaten in der Baumwollerzeugung zu befreien. In den meisten Kolonien steht heute noch der Baumwollanbau im Anfangstadium. Wenn ihre Produktion aber auch noch gering ist im Vergleich zu der Amerikas, so beweisen doch die steigenden Exportziffern z. B. Ugandas im letzten Jahrzehnt ihre fortschreitende Entwicklung in den afrikanischen Tropen.

Die Baumwollpflanze, von Natur aus ein perennierendes Gewächs, wird auch im tropischen Afrika fast nur in einjähriger Kultur gezogen. Man hat mehrere Spielarten gezüchtet. Der Anbau erstreckt sich über tropische und subtropische Länder. Die Subtropen sind heute das Hauptanbaugebiet. Zu ihrem Wachstum braucht die Baumwolle genügend Feuchtigkeit und zu ihrer Reife mindestens sechs Monate warmen Sonnenschein. Da sie gegen klimatische Einflüsse sehr empfindlich ist, besonders des Sonnenscheins bedarf, findet man ihren Anbau im tropischen Afrika nur dort, wo diese Vorbedingungen erfüllt sind, in Savannen- und Steppengebieten, nicht in den immer-

1) Wo Kapokginnereien vorhanden sind, werden sie in diesem Abschnitt angeführt.

feuchten oder solchen Zonen, die eine kurze Trockenzeit zur Reife haben. Die fehlende Feuchtigkeit in Trockengebieten kann durch künstliche Bewässerung ersetzt werden.

Die begehrte Baumwollfaser sitzt in einer Kapsel, die zur Reifezeit aufspringt, und umschließt mehrere Samenkerne, die Baumwollsamen. Ehe die Faser als Rohbaumwolle in den Handel gelangt, ist sie Gegenstand eines besondern Aufbereitungsprozesses, der die Aufgabe hat, die Samenfasern, den Lint, von den Kernen zu trennen. Dies geschieht in Fabriken, den sog. Ginnereien, je nach der Länge der Faser vermittels einfacher Walzen, der Walzengins, oder mit Kreissägen versehener Walzen, der Sägegins. Nach dem Entkernen wird die Faser zusammengepreßt und zum Versand in Ballen verpackt. Die Bestandteile einer Ginnerei sind daher im wesentlichen Antriebsmaschinen, Ginn- und Preßmaschinen. Da es sich bei der Baumwolle um eine Massenprodukt handelt, ist ihre Aufbereitung im großen nur maschinell, und zwar in mechanisch betriebenen Ginnereien, den Kraftginnereien, möglich. Der Zahl nach herrschen allerdings heute noch im tropischen Afrika, besonders in volkreichen Gegenden, mit der Hand und auch mit tierischer Kraft betriebene Ginnereien vor. Die Kraftginnerei findet aber gesteigerte Anwendung, da sie allein imstande ist, die Verschwendung kostbarer Menschenkraft zu verhüten.

Die gewöhnliche Antriebskraft der Ginnerei ist die mit Holz und Kohle geheizte Dampfmaschine. Wasserkraft wird nur in wenigen Fällen angewandt (siehe S. 16). Während diese in Hochgebieten reichlich vorhanden ist, wie in Uganda und in Nyassaland, ist ihre Anwendung in trocknen Gebieten beschränkt; da diese auch holzarm sind, ist die Einfuhr von Kohle nötig, soweit nicht die Saat verfeuert wird oder Dieselmotoren angewendet werden.

Als landwirtschaftliche Hilfsindustrie hat auch die Baumwollaufbereitungsindustrie Saisoncharakter. Er ist allerdings nicht so stark ausgeprägt wie etwa bei der Rohrzuckerindustrie, da es möglich ist, die unentkernte Baumwolle auf größere Strecken zu transportieren und längere Zeit aufzustapeln, ohne sie dem Verderben auszusetzen. Die Aufbereitung ist deswegen nicht eng an die Zeit der Ernte geknüpft, sondern kann sich über eine längere Zeit im Jahre erstrecken.

Bei der Aufbereitung entfällt als Nebenprodukt die ölhaltige Baumwollsaat, welche die Veranlassung einer Nebenindustrie, der Baumwollsaatölindustrie, ist. Bei der Jugendlichkeit der Baumwollkultur im tropischen Afrika steht diese Industrie erst in ihren Anfängen. So sind in Uganda Ansätze dazu vorhanden. Die Baumwollsaat wird vorläufig noch unverarbeitet exportiert, der größte Teil aber infolge der hohen Transportkosten als Brennmaterial verwendet oder verrottet. Die Baumwollsaatölindustrie im tropischen Afrika unterliegt ähnlich ungünstigen Bedingungen wie die Palmkernölindustrie (s. S. 32). Bedeutsam könnte sie sein für die Entwicklung der Seifenindustrie, wofür Ägypten ein Beispiel liefert. Die natürlichen Bedingungen zu dieser Industrie liegen besonders günstig in Ostafrika, wo sich die Gewinnung von Saatöl mit den zur Seifenfabrikation nötigen andern Rohstoffen örtlich vereinigt, wie Soda aus dem Magadisee.

a) Standort.

Bei der Haltbarkeit und Transportfähigkeit der unentkernten Baumwolle gehört ihre Aufbereitungsindustrie nicht zu den landwirtschaftlichen Industrien, deren Standort durch die geringe Haltbarkeit des unverarbeiteten Rohstoffs, also natürlich mit dessen Vorkommen verknüpft ist. Das Entkernen könnte ebensogut in dem Lande vor sich gehen, wo die Faser versponnen wird. So lange in den afrikanischen Kolonien nicht genügend Ginnereien vorhanden waren, wurde auch unentkernte Baumwolle exportiert. 1910 waren z. B. von der aus dem anglo-ägyptischen Sudan ausgeführten Baumwolle 71,2% unentkernt. Wenn sich der Standort der Ginnereien örtlich mit dem des Baumwollanbaus verknüpft, so sind handelstechnische und wirtschaftliche Gründe hierfür maßgebend. Selbstverständlich zwingt auch die geringe Verkehrserschlossenheit des tropischen Afrika zum Ginnen im Rohstoffgebiet (also ein natürlicher Faktor). Ist die Baumwolle an Ort und Stelle aufbereitet, so kann sie durch Zusammenpressen in einen transportfähigen Zustand gebracht werden. Unentkernt ist dies nur schwer möglich. Ungepreßt würde sie wegen ihres großen Volumens dem Transport Schwierigkeiten bereiten. Hinzu kommt, daß ein Teil des Baumwollsamens im Anbaugebiet als neues Saatgut bleibt, durch das Entkernen im Anbaugebiet selbst also unnötiger Transport vermieden wird.

Die Ginnereien liegen mitten im Baumwollanbaugebiet. Da im tropischen Afrika zum überwiegenden Teil der Baumwollanbau sich in den Händen der Eingeborenen befindet, also Kleinkultur ist, bringen vielfach Träger die Ernte in die Ginnerei. Die Fabrik kürzt diesen unwirtschaftlichen Transport ab, indem sie sich möglichst weit in das Anbaugebiet hineinbegibt. Rücksicht auf eine verkehrsgeographisch begünstigte Lage kann sie hier erst in zweiter Linie nehmen. Sie muß jedenfalls zu den Zentralpunkten des Anbaugebietes, meist Marktplätzen der Eingeborenen, wandern. Diese binnenwärts gelegenen Ginnereien sind kleiner und zahlreicher, da ihr Wirkungsradius durch den Mangel an Zufahrtstraßen beschränkt ist. Man ist bestrebt, möglichst schnell den wertvollen Lint von der Saat zu befreien, um deren Transport zu vermeiden, weil seine Kosten den Wert des Produktes übersteigen. Das Gewichtsverhältnis von Lint zum Samen beträgt durchschnittlich 1 : 3. Wo die Baumwolle in der Nähe des Meeres, eines Sees oder eines schiffbaren Flusses gebaut wird oder das Anbaugebiet von einer Eisenbahn durchschnitten wird, liegen die Ginnereien natürlich an diesen Verkehrswegen und sind wegen ihres erweiterten Wirkungsradius große, leistungsfähige Fabriken. Typische Beispiele liefern hierfür die Ginnereien an den Hafenplätzen des Viktoriasees Entebbe, Port Florence (24 Gins), an der Küste Lindi (10 Gins), am Schirefluß die Ginnerei in Mitoli (20 Gins), an der ostafrikanischen Mittellandbahn die Ginnerei in Kilossa (9 Gins).

b) Versorgung mit Arbeitern.

Die Frage der Versorgung der Ginnereien mit den nötigen Arbeitskräften ist eng verknüpft mit der Anbauform der Baumwolle. Sie wird überwiegend in Kleinkultur von den Eingeborenen gewonnen. Diese Form hat sich im tropischen Afrika bisher am besten bewährt. Die Aufbereitungsindustrie nimmt damit eine selbständige Stellung ein. Die Ginnereien befinden sich im Besitz von Europäern oder auch in Ostafrika zum Teil von Indern. Die Fabriken kaufen die Ernte von den Eingeborenen und, soweit Plantagen vorhanden sind, auch von diesen auf. Im Baumwollanbau und ihrer Aufbereitung hat sich also eine Arbeitsteilung herausgebildet insofern, als der Anbau in der Mehrheit in den Händen der Eingeborenen liegt, die Industrie in Händen der Weißen und Inder.[1]) Da die Eingeborenenkultur nur in verhältnismäßig dicht besiedelten Gebieten möglich ist, kann sich die Aufbereitungsindustrie leicht die nötigen Arbeitskräfte für ihre Ginnereien verschaffen, zumal ihr Bedarf an Arbeitern in der Fabrik bei der Einfachheit des Aufbereitungsprozesses gering ist. Bei der Lage der Industrie in trockneren und gesünderen Gegenden — zum Teil in

---

1) Diese Arbeitsteilung bildet sich immer stärker heraus. Die Plantagenkultur wird relativ mehr und mehr verdrängt. Die Kleinkultur ist auch beim Baumwollanbau die gegebene. Der Kapitalbedarf ist minimal. Da die Baumwolle während ihres Wachstums einer gewissen Sorgfalt bedarf, kann der Neger sich die Arbeitskräfte billig verschaffen, indem er Frau und Kinder auf die Felder schickt. Nicht zuletzt liegt es aber in der Natur der Baumwolle begründet. Die unentkernte Wolle ist ebensogut haltbar wie die entkernte, also nicht so leicht dem Verderben ausgesetzt wie etwa geschnittene Sisalblätter oder Zuckerrohr. Der Weiße nutzt diese Verhältnisse aus, indem er die Eingeborenenkultur durch Saatbereinigung, Verkehrsverbesserung, Preisgarantie usw. unterstützt.

Hochgebieten — ist der Weiße in seinen Arbeitsverrichtungen in der Fabrik vom Eingeborenen auch unabhängiger — im Gegensatz etwa zur Palmölindustrie, die ihren Sitz in den ungesunden, feuchtwarmen Niederungsgebieten hat.

c) Die einzelnen Gebiete.

Anglo-ägyptischer Sudan. Der Anbau von Baumwolle im anglo-ägyptischen Sudan ist erst möglich geworden durch die Vollendung der Bahn vom Nil nach Port Sudan im Jahre 1906 und den Ausbau der Nilbahn bis Khartum und weiter südlich bis Sennar. Durch die Berber-Port Sudanbahn hat der ägyptische Sudan seine kürzeste und natürliche Verbindung zum Meer hin erhalten. Einem Transportweg von Khartum bis Alexandrien, der sich aus rund 2300 km Eisenbahn- und Wasserweg zusammensetzt und ein mehrmaliges Umladen erfordert, steht ein Eisenbahnweg Khartum—Port Sudan von nur rund 1000 km gegenüber. Es ist selbstverständlich, daß der Anbau eines Massenproduktes, wie Baumwolle, im großen Maßstab erst durch letztere Verbindung des Sudans mit der See in Frage kam.

Die Hauptbaumwollanbaugebiete sind:

1. der Tokar-Distrikt der Roten Meer-Provinz,
2. der Kassala-Distrikt in der Kassala-Provinz,
3. der Gezira-Distrikt (Wad Medani, Tayiba, Barakat, Hosh) in der blauen Nil-Provinz,
4. das Niltal in der Khartum-Provinz,
5. das Niltal in der Berberprovinz, besonders bei Zeidab und Atbara.

Die Baumwollkultur wird mit und ohne künstlicher Bewässerung betrieben, worüber folgende Tabelle Auskunft gibt:

Mit Baumwolle bestelltes Land in Feddans:

	1920	1922	1924	1925
ohne künstliche Bewässerung (Regen)	2 055	3 304	13 524	67 553
mit künstlicher Bewässerung	14 308	24 058	40 037	47 512
natürliche Überflutung	42 663	56 911	58 105	52 169

Große elektrische Pumpanlagen vermitteln heute vielfach die künstliche Bewässerung. Durch den jetzt fertiggestellten Staudamm von Makwar bei Sennar wird die Zunahme des künstlich bewässerten Landes und damit der Baumwollkultur überhaupt eine große Steigerung erfahren. 1925 wurden auf Grund dieser Anlage 80000 Feddans mit Baumwolle bebaut.

Die Aufbereitungsindustrie verteilte sich 1913, wie folgt (26, 1913, S. 179):

Ginnerei in	Suakin	mit	46 Gins
,, ,,	Zeidab	,,	11 ,,
,, ,,	Khartum	,,	8 ,,
,, ,,	Kassala	,,	3 ,,
,, ,,	Wad Medani	,,	5 ,,
			73 Gins.

Die gesteigerte Baumwollkultur hat auch eine Zunahme der Ginnereien zur Folge gehabt. Ginnereien sind in verschiedenen Zentren des Anbaus ohne künstliche Bewässerung im Bau (100, 1925). Vom Sudan Plantations Syndicate wurden 1925 in Gezira vier große Ginnereien mit je 80 Gins errichtet. Eine Ginnerei mit 40 Gins wurde in Makwar angelegt und eine mit 30 Gins in Atbara. Daneben gibt es noch eine Reihe anderer, wie in Wad Medani (mit einer Leistungsfähigkeit von 1200 Ballen pro Jahr), Barakat bei Wad Medani, Port Sudan.

Die Baumwolle wurde ursprünglich in unentkerntem Zustand exportiert. Aufbereitet wurde sie in Ägypten. Seitdem 1913 von der ägyptischen Regierung die Einfuhr unentkernter Baumwolle verboten wurde, um eine Saatmischung zu verhüten, wird die ganze Ernte jetzt im Ursprungsland selbst entkernt. Über die Entwicklung der Industrie bis 1913 gibt folgende Tabelle Auskunft:

Baumwollexport aus dem Anglo-Ägyptischen Sudan:

	1908	1909	1910	1911	1913
entkernt	902 t	887 t	784 t	2995 t	2318 t
unentkernt	2575 ,,	1594 ,,	6114 ,,	2146 ,,	39 ,,

1918 wurde die letzte unentkernte Baumwolle ausgeführt. Der Export belief sich in tons auf:

	Saat	Lint	Ballen
1923	9323	5093	28 056
1924	18003	8364	46 047

Für 1925/26 ist die Ernte auf 22 900 tons Lint geschätzt.

Die Arbeiterbeschaffung scheint keine Schwierigkeiten zu bereiten. So gibt z. B. der amtliche Bericht (100, 1925) an, daß im Berichtsjahr kein ernsthafter Mangel an Arbeitskräften bestanden habe.

Durch den Bau der Eisenbahnen ist das Verkehrsproblem bisher erst zum Teil gelöst. Verkehrsgeographisch günstig gelegen sind die Anbaugebiete am Nil, denen für den nicht schiffbaren Teil des Stromes die Eisenbahn zur Verfügung steht. Die Bezirke am Blauen Nil, der bis zu seiner Mündung in den Weißen Nil schiffbar ist, können sich sowohl der Eisenbahn wie des Wasserweges bedienen. Diese

Distrikte haben die meiste Aussicht auf Entwicklung. Ungünstig lag bisher Kassala. Es ist aber jetzt durch eine 350 km lange Zweigbahn der Strecke Port Sudan—Berber erschlossen. In den Gebieten, die weder Eisenbahn noch Wasserweg haben, ist meist das Kamel das Transportmittel für Baumwolle. Aus dem Tokar-Distrikt wird die Baumwolle auf einer über 30 km langen Kleinbahn zu dem Hafen Trinkitat gebracht und von dort auf offenen Segelboten nach Suakin verfrachtet.

Erythräa. In geringem Umfang wird hier Baumwollanbau von Europäern und Eingeborenen getrieben. Für den Anbau kommt besonders das Barka-Tal in Frage. Ginnereien befinden sich in Agordat und Massaua.

Ital. Somaliland. Das Unternehmen des Herzogs der Abruzzen scheint von Erfolg gekrönt zu sein. Man hat eine Baumwollkultur im Territorium von Chidle, das vom Schebeli durchflossen wird, geschaffen. 1924 waren 1300 ha bewässert und zum Teil mit Baumwolle bestellt. Eine Ginnerei produzierte 1922/23 50 und im Jahr darauf 100 t Lint. Als Transportmittel dienen Kamele, Autos und Boote auf dem Fluß.

Uganda. Die Baumwollkultur in Uganda datiert ihre Entwicklung erst seit 1904; der erste Export 1904/05 betrug 50 Ballen.[1]) Voraussetzung war, daß diese binnenwärts gelegene Kolonie, ähnlich wie der anglo-ägyptische Sudan, eine Eisenbahnverbindung mit dem Meer erhielt. 1902 wurde die Verbindung zwischen Port Florence am Viktoriasee und Kilindini an der Küste hergestellt. Der Baumwollanbau stützt sich in Uganda, das in über 1000 m Meereshöhe liegt, auf günstiges Klima, geeigneten Boden, besonders aber auf eine dichte Bevölkerung und eine leistungsfähige Aufbereitungsindustrie. Mit einem Baumwollexport von 128000 Ballen (21093 tons), wovon ein Teil nach Indien, das übrige nach England geht, im Jahre 1924 steht das Land an der Spitze aller baumwollproduzierenden Kolonien des tropischen Afrika. 1925 stieg der Export sogar auf 196000 Ballen. Die Hauptanbaugebiete sind folgende[2]):

Ost-Provinz		Buganda-Provinz	
Busoga-Distrikt . . .	59492 acres	Mengo-Distrikt . . .	60000 acres
Bukedi ,, . . .	72148 ,,	Entebbe ,, . . .	10000 ,,
Teso ,, . . .	83971 ,,	Masaka ,, . . .	10000 ,,
Lango ,, . . .	35008 ,,	Mubendi ,, . . .	6000 ,,
	250619 acres		86000 acres

1) Ein Ballen Baumwolle = 400 lbs. = $181\frac{2}{5}$ kg.

2) Die hinter den Distrikten angegebenen Zahlen sind die im Erntejahr 1922 von den Eingeborenen bestellten Flächen. Sie sind angegeben, um die Bedeutung der einzelnen Distrikte zu illustrieren.

Nord-Provinz

West-Nil-Distrikt . . .	2 000 acres
Chua „ . . .	1 000 „
Gulu „ . . .	4 000 „
Bunyoro „ . . .	1 500 „
	8 500 acres

An erster Stelle im Anbau steht also die Ostprovinz. Das Gesamtareal, das von den Eingeborenen bestellt wurde, betrug 345 000 acres; dazu kommt noch eine ganz geringe Fläche, die von europäischen Pflanzern, Missionen und Indern bebaut wurde.

1910 gab es in Uganda selbst erst vier Ginnereien, die allerdings sehr leistungsfähig waren:

3 in Kampala	mit 48 Gins
1 „ Entebbe	„ 12 „

Hinzugerechnet werden müssen die großen Anlagen in Port Florence, das zwar in der Kenyakolonie liegt, wirtschaftlich aber auch zu Uganda gehört. Die in der Exportstatistik als unentkernt angeführte Baumwolle wurde hier früher aufbereitet. Heute ist die eigne Aufbereitungsindustrie so entwickelt, daß unentkernte Wolle aus Uganda nicht mehr ausgeführt wird. Mit der Ausdehnung des Anbaus vermehrte sich die Zahl der Fabriken. 1916 stieg sie auf 21, 1918 erhöhte sich die Zahl auf 33, um 1924 100 zu übersteigen. Sie liegen in den beiden Hauptanbauprovinzen, in der Ostprovinz — mit ihrem größeren Anbau naturgemäß der größere Teil — und in der Buganda-Provinz. Zu letzterer gehören die leistungsfähigsten an den Seehäfen.[1]) Die landeinwärts gelegenen sind aus verkehrsgeographischen Gründen kleiner. Die Westprovinz mit ihrem geringeren Anbau arbeitet mit Handginnereien oder transportiert die unentkernte Baumwolle in die Kraftginnereien der beiden andern Provinzen. Ein großer Teil der Kraftginnereien befindet sich in den Händen von Indern.

Die Baumwollgebiete Ugandas sind verkehrsgeographisch verhältnismäßig günstig gelegen. Der Viktoriasee ist ein Verkehrssammelbecken ersten Ranges, um das sich die beiden Hauptbaumwollprovinzen herumlegen, eine Reihe von Ginnereien haben dadurch eine Hafenlage mit einem größeren Wirkungsradius. Im Binnenland selbst übt eine ähnliche Wirkung wie der Viktoriasee die seenartige Verbreiterung des Nil, Kioga- und Kwania-See aus. Ihre zahlreichen Buchten dringen tief in das Land ein. Da der Nil zwischen dem Viktoria- und dem Kiogasee wegen der Riponfälle nicht schiffbar

1) Die durchschnittliche Leistungsfähigkeit der großen Ginnereien beträgt 250 Ballen pro Woche.

ist, hat man die beiden Seen durch die 87 km lange Busoga-Bahn (mit den Endpunkten Jinga und Kakindu) in Verbindung gebracht. Diese Eisenbahn, die den zweitwichtigsten Baumwolldistrikt Ugandas, den Busoga-Distrikt, durchschneidet, hat belebend auf Baumwollanbau- und -aufbereitungsindustrie eingewirkt. Sie ist verlängert durch eine 11 km lange Stichbahn nach Namasagali. Die neue, im Bau befindliche Verbindung zwischen der Kenya-Kolonie und Uganda wird die Baumwollkultur stark fördern, da sie die Erzeugunsgebiete besser erschließt und für den Abtransport der Erzeugnisse eine direkte Verbindung mit der Meeresküste unter Umgehung des Viktoria-Sees schafft.

Die Baumwolldistrikte sind außerdem noch von einem Netz erstklassiger Straßen, die regelmäßig von schweren Lastkraftwagen befahren werden, durchzogen. Es ist im letzten Jahrzehnt weit ausgebaut worden. Das ist eine der wichtigsten Grundlagen der heute so blühenden Baumwollkultur. 1924 gab es 1200 km Straßen erster Klasse, dazu noch 4000—5000 km für Autos befahrbare Wege. Schon 1910 bezeichnet der Herbstbericht des deutschen Kolonialbaumwollanbaues das Straßenwesen Ugandas als „Sehenswürdigkeit auf afrikanische Verhältnisse bezogen". Neben einem regen Ochsenwagenverkehr besorgen zahlreiche Lastautomobile den Transport der Baumwolle von den Fabriken zum Hafen am See oder zur Eisenbahn. Kampala, einer der Hauptginnplätze Ugandas, ist z. B. mit dem Hafen Entebbe durch eine 45 km lange Autostraße verbunden, auf der die Regierung einen regelmäßigen Lastautomobilverkehr eingerichtet hat. Eine 11 km lange Eisenbahnlinie verbindet es außerdem noch mit dem Hafen Port Bell. Die Hauptausfuhrhäfen für Baumwolle am Viktoriasee im Protektorat selbst sind Entebbe, Jinga und Port Bell.

Während den Ginnereien für ihr aufbereitetes Produkt gute Verkehrswege- und Mittel zur Verfügung stehen, muß sich der Eingeborene besonders in entlegenen Gegenden noch des Trägertransportes bedienen, um seine Ernte auf den Marktplatz und in die Fabrik zu bringen. Im allgemeinen geht der Trägertransport immer weiter zurück. 1923 waren von 23000 tons Transportmengen nur 1000 tons von Trägern besorgt (99, 1923).

Die Baumwollsaatölindustrie steht in Uganda im Anfangsstadium. Die Saat wird noch unverarbeitet exportiert, vielfach sogar verbrannt. Eine Reihe Ginnereien hat ihrem Betrieb noch Saatpressen angegliedert. Daneben besteht seit 1912 eine besondere Ölfabrik in Ankoro mit einer Leistungsfähigkeit von 860 l Saatöl und 4 t Ölkuchen pro Tag (26, 1913, Nr. 3).

Kenya-Kolonie. Hier wird Baumwolle in geringem Umfang in der Nyansa-Provinz längs der Küste des Viktoria-Sees angebaut. Im nördlichen Teil der Provinz wird die Saatbaumwolle in die benachbarten Ginnereien Ugandas getragen, so daß die Produktion Kenyas an Baumwolle in der Statistik zu gering erscheint. Außer in Port Florence gibt es noch einige andere Ginnereien. 1924 waren vier in der Kolonie vorhanden, zwei im Bau und noch zwei weitere konzessioniert. 1923 betrug die Ausfuhr 129 Ballen, ist aber seitdem weiter gestiegen.

Ehem. Deutsch-Ostafrika. Die Baumwollkultur im ehem. Deutsch-Ostafrika stand vor dem Krieg noch im Versuchsstadium. Der Export von rund 1000 t Baumwolle im Jahr 1911 stellt nur $\frac{1}{3}$ der im gleichen Jahr aus Uganda ausgeführten Menge dar.

Eingeborenen- und Plantagenkulturen sind in der Kolonie gemischt. 1911 lieferte der Anbau der Eingeborenen etwa $\frac{2}{3}$ der Ernte. Gegenüber dem plantagenmäßigen, wovon etwa 65% Mischkultur waren, hat er sich stärker entwickelt. Heute ist der Anteil der Eingeborenen an der Produktion noch größer geworden.

Die Hauptanbaugebiete sind folgende:

		Übertrag	4 124 371
Morogoro[1])	1 717 301	Kilwa	124 905
Muanza[2]) einschl. Shinyanga	1 807 337	Daressalam	104 899
Rufiji	264 814	Tanga, Usambara, Moschi	200 745
Lindi	261 546	Pangani	1 716
Bagamoyo	73 373	Mahenge	17 068
zu übertragen	4 124 371		4 573 704

Die Zahl der Kraftginnereien betrug 1912 31. Daneben bestand eine Handginnerei, eine Göpelginnerei und 28 Handgins. Die Industrialisierung der Baumwollaufbereitung war also in der deutschen Kolonie stärker durchgeführt trotz geringerem Anbau als zu gleicher Zeit in Uganda mit seinem größeren Anbau. Letzteres besaß 1916 erst 21 Kraftginnereien, wenn auch mehrere mit einer größeren Ginzahl als in der deutschen Kolonie. Hier belief sich die Zahl der Ginnereien 1913 schon auf 38.

In folgender Tabelle sind die Entkernungsanlagen zusammengestellt[3]):

---

1) Die Zahlen hinter den einzelnen Distrikten geben die Produktion in englischen Pfund für 1923/24 für 15 Monate bis Ende März 1924 an (26, 1925, S. 72).

2) Hier war das Ginnen noch nicht beendet.

3) Aus den Verhandlungen der Baumwollanbau-Kommission de kolonialw. Komitees, 1912, Nr. 1. Anzahl der Ginnereien im April 1912.

Ort	Zahl	Einrichtung	Antrieb
Daressalam	2	Saatwerk 2 Walzengins 1 Lintergin 1 Saatreinigungs- u. Sortiermaschine	21 P. S. Lokomobile
		6 Walzengins 1 hydraulische Presse	Sägewerk
Kikwetu b/Lindi	1	2 Walzengins	Lokomobile der Sisalfabrik
Kilossa	1	9 Walzengins 1 hydraulische Presse	25 P. S. Petrol-Motor
Kimamba b/Kilossa	1	4 Walzengins 1 hydraulische Presse	15 P. S. Benzinmotor
Kilwa	1	7 Walzengins 1 Sägengin 1 Lintergin 1 hydraulische Presse	12 P. S. Lokomobile
Kissauke	1	7 Walzengins 2 Lintergins 1 hydraulische Presse	25 P. S. Lokomobile
Kwabuni	1	2 Walzengins 1 Sägegin 1 Lintergin	20 P. S. Lokomobile
Lindi	1	10 Walzengins 1 hydraulische Presse	38 P. S. Lokomobile
Makuyuni	1	2 Walzengins 1 hydraulische Presse	22 P. S. Lokomobile
Marunga	1	2 Walzengins 1 hydraulische Presse	Lokomobile
Matapatapa	1	8 Walzengins 2 Lintergins 1 hydraulische Presse	18 P. S. Lokomobile
Mikindani	1	2 Walzengins 1 Lintergin	Lokomobile der Sisalfabrik
Mohorro	1	5 Walzengins 1 Sägengin 1 Lintergin 1 hydraulische Presse	22 P. S. Lokomobile
Mombo	1	1 Walzengin	Wasserkraft

Ort	Zahl	Einrichtung	Antrieb
Morogoro	3	1 Walzengin 1 Handpresse	Wasserkraft
		4 Walzengins 1 hydraulische Presse	15 P. S. Lokomobile
		4 Walzengins 1 Lintergin 1 Baumwollsaatreinigungsmaschine 1 hydraulische Presse	15 P. S. Lokomobile
Moschi.	4	3 Walzengins 1 hydraulische Presse	7 P. S. Lokomobile
		4 Walzengins 1 Sägegin 1 Lintergin 1 hydraulische Presse	12 P. S. Lokomobile
		7 Walzengins 1 hydraulische Presse	
Muansa	1	5 Walzengins 1 hydraulische Presse	15 P. S. Lokomobile
Naitivi	1	2 Walzengins 1 Lintergin 1 hydraulische Presse	27 P. S. Lokomobile
Ndungu Süd-Pare-Gebirge	1	3 Walzengins 1 hydraulische Presse	60 P. S. Turbinenanlage
Nyussi.	1	2 Walzengins 1 Sägegin 1 hydraulische Presse	50 P. S. Lokomobile
Rufija	1	4 Walzengins 1 hydraulische Presse	30 P. S. Lokomobile
Sadani.	1	4 Walzengins 2 hydraulische Pressen	12 P. S. Lokomobile
Schuberthof	1	2 Walzengins 1 hydraulische Presse	30 P. S. Lokomobile
Ukerewe	1	8 Walzengins 1 Sägegin 1 Lintergin 1 Baumwollsaatreinigungsmaschine 1 hydraulische Presse	25 P. S. Lokomobile
Westpare Makanja .	1	2 Walzengins	6—8 P.S. Petrol-Motor
Nera		28 Handwalzengins	
	31		

Durch den Krieg haben viele dieser Ginnereien stark gelitten (26, 1922, S. 173), so daß der Betrieb nicht in allen wieder aufgenommen werden konnte. Das englische Blaubuch (21) gibt für 1924 die Zahl der Ginnereien mit 28 an. Die Zahl ist also zurückgegangen. Eine neue Ginnerei, mit Wasserkraft betrieben, ist bei Mahiwa an der Lindi-Kleinbahn errichtet worden.

Die wichtigeren Baumwollbezirke haben sämtlich eine günstige Verkehrslage. Die Bezirke Sadani, Bagamojo, Daressalam, Kilwa, Lindi und Mikindani liegen in unmittelbarer Nähe der Küste und ihre Ginnereien in den Küstenorten. Der Panganja-Mohorro-Bezirk wird erschlossen durch den Rufiji. Dieser Fluß ist das ganze Jahr über schiffbar, trägt aber nur Dampfer von geringem Tiefgang. Die Schiffsgefäße sind flach gebaut und transportieren die Lasten auf Prähmen, die zu beiden Seiten angebracht sind, um den Tiefgang nicht zu erhöhen. Der Kilossa-Morogoro-Bezirk ist von der Tanganjikabahn durchschnitten, die Ginnereien liegen in Kilossa und Morogoro, beides Stationen der Eisenbahn. Die Bezirke Wilhelmstal und Moschi sind durch die Usambarabahn mit der Küste verbunden. Die Bezirke Bukoba und Muansa liegen entsprechend günstig am Viktoriasee wie die an der gegenüberliegenden Küste von Uganda; die Baumwolle wird über den See bis nach Port Florence (Kisumu) befördert und gelangt von dort mit der Ugandabahn zur Küste.

Durch den Krieg ist die Entwicklung der Baumwollkultur in der Kolonie gehemmt worden. Die Plantagen waren verwahrlost. Die früher hier beschäftigten Arbeiter sind heute vielfach zur Eigenkultur übergegangen. Wenn die Baumwollausfuhr auch in den ersten Jahren nach dem Krieg auf ein Minimum gesunken ist, so ist sie in den letzten Jahren wieder stark gestiegen. 1924 wurden rund 2600 t ausgeführt gegenüber 2200 t 1913.

Britisch-Nyassaland. Die Baumwollkultur in Britisch-Nyassaland begann etwa um dieselbe Zeit wie die in Uganda, hat sich aber im Vergleich zu dieser nur langsam entwickelt. Dies liegt einerseits daran, daß die Eingeborenen sich nur langsam an die Baumwollkultur gewöhnen, andererseits an der noch mangelhaften Verkehrserschließung dieser binnenwärts gelegenen Kolonie. Ihre Baumwollausfuhr im Jahre 1924 in Höhe von rund 1000 t macht nur etwa $\frac{1}{20}$ der zu gleicher Zeit in Uganda erzeugten Menge aus.

Der Anbau geschieht noch überwiegend in Plantagen. Ihr Anteil an der Baumwollausfuhr belief sich im Jahre 1922 auf 85%, zwei Jahre später jedoch auf 64%, zeigt also eine Abnahme zugunsten der Eingeborenenkultur. Trotz der verhältnismäßig dichten Bevölkerung von Nyassaland leiden die Plantagen unter Arbeitermangel, weil die Eingeborenen lieber Eigenkultur treiben wollen. In der Saison sind deswegen die Pflanzungen gezwungen, Tausende von Wanderarbeitern aus Mosambik heranzuziehen (26, 1919, S. 235 ff.). Aus klimatischen Gründen kann man drei Baumwollgebiete unterscheiden, das Schire-Tal, das Schire-Hochland und die Nyassa-See-Region.

Das Schire-Tal ist das Hauptanbaugebiet mit den drei wichtigsten Bezirken Schikwawa, Schiromo und Port Herald. Hier liegen die größten Pflanzungen. Im Schikwawa-Bezirk bebauen allein vier Pflanzer 4000 acres. Der untere Schire-Distrikt ist auch das Hauptgebiet für die Baumwollkultur der Eingeborenen. Die Haupt-Ginnplätze sind die Mitoli-Ginnerei[1]), Schikwawa, Schiromo, Port Herald.

Im Schire-Hochland sind die Hauptdistrikte das Ruo- und Luchenza-Tal, die Mlanje-Ebene und der Zomba-Distrikt. Die Haupt-Ginnplätze sind bei Blantyre und Zomba.

In der Nyassasee-Region ist der Baumwollanbau, bedingt durch die Verkehrsferne, noch wenig entwickelt. Eine Ginnerei ist in Fort Johnston errichtet. In Vua und Umgebung im Nordnyassa-Distrikt liegen drei große europäische Plantagen. Eine Ginnerei in Ngara an der Küste des Sees verarbeitet die Saatwolle.

Neben den größeren Ginnereien gibt es noch eine Anzahl kleinere, besonders in den Eingeborenendistrikten, die von Verkehrswegen zu weit entfernt liegen. 1920 gab es im ganzen in der Kolonie 14 Ginnereien. Ihre Zahl hat seitdem weiter zugenommen. Die Aufbereitungsfabriken nützen immer mehr die im Lande vorhandenen reichen Wasserkräfte aus (99, 1924).

Verkehrsgeographisch günstig liegen die Ginnereien am unteren Schire. Für flache Dampfer bis zu 60 cm Tiefgang ist der Fluß im allgemeinen bis Schiromo schiffbar; zur Zeit der Trockenperioden, unter denen das Nyassaland häufig zu leiden hat, können sich die Fabriken der Eisenbahn Blantyre-Schindio bedienen, um die Baumwollballen zum Sambesi zu befördern. Die Fabriken am Schire oberhalb Schiromo liegen ungünstig. Die Bahn verläßt das Schire-Tal bei Schiromo, der Fluß ist von hier aus nur bei günstigem Wasserstand schiffbar etwa bis Katunga unterhalb der Murchison-Fälle. Der Abtransport der Baumwolle verzögert sich dadurch oft monatelang. Die Schiffbarkeit des Flusses läßt von Jahr zu Jahr nach. Noch ungün-

1) Die Mitoli-Ginnerei verarbeitet Saatwolle aus der eigenen Plantage und dient zu gleicher Zeit als Zentralfabrik für die umliegenden Kleinpflanzungen. Sie ist ausgestattet mit 20 Gins, hydr. Presse, Sauggasmotor (120 HP), Öl- und Ölkuchenpresse und Saatöffner.

stiger gestaltet sich die Verkehrslage für das Anbaugebiet im Hochland und in der Nyassasee-Region. Die Eisenbahn ist nur bis Blantyre vollendet und erschließt nur das Ruo- und Luchenza-Tal. Eine Steigerung der Baumwollproduktion in diesen Gebieten ist deshalb erst dann zu erwarten, wenn die Eisenbahn bis Fort Johnston verlängert wird. Die neuerdings fertiggestellte Eisenbahnverbindung Beira—Sambesi wird belebend auf die Baumwollerzeugung der Kolonie einwirken.

Nordrhodesien. Die Baumwollkultur in dieser Kolonie steht noch im ersten Versuchsstadium (26, 1920). Transportschwierigkeiten sind das Haupthindernis, die lohnende Kultur auch hier zu entfalten. Zwei kleine Ginnereien waren 1922 im Bau (44).

Mosambik. Die Baumwollkultur ist hier längs den Verkehrswegen entwickelt, am Sambesi und seiner Umgebung, an der Beira-Bahn, an der Delagoa-Bahn, in der Umgebung von Lourenço Marques und an dem das ganze Jahr über schiffbaren Maputa. Angebaut wird in Klein- und Großkultur. Letztere herrscht besonders im Sambesital vor. Eine Reihe gut ausgestatteter Ginnereien sind in Betrieb: im Sambesital, auf der Insel Inhangona, in Bampona, in Lugella, Vila Fontes, Schemba, Vila Machado und Schimoio; an der Beirabahn in Beira und Gondala, an der Delagoa-Bahn in Lourenço Marques und an ihrer Zweiglinie bei Xinavane am Inkomati. Ein Zentralginnplatz in ausgezeichneter Verkehrslage ist Lourenço Marquez geworden mit vier großen Ginnereien, welche die Saatwolle aus der Umgebung aufarbeiten sowie zum Teil aus dem Maputa-Gebiet und aus Transvaal. Mit zunehmender Baumwollkultur sind weitere Ginnereien im Bau. Die Lintproduktion der Provinz belief sich 1924 auf ca. 1200 t.

Belg. Kongo. Angespornt durch die Erfolge anderer Kolonien, bemüht sich die belg. Regierung seit 1916, auch in ihrer Kolonie eine von Eingeborenen betriebene Baumwollkultur einzuführen. Sie hat damit auch vollen Erfolg gehabt, denn die Kolonie erzielte 1925 eine Produktion von 4300 t, die sich von Jahr zu Jahr weiter steigert.

Man unterscheidet zwei Anbaugebiete, die Savanne nördlich und südlich des Kongo-Urwaldes. Das nördliche und vorerst noch das wichtigere beginnt bei etwa 2° n. Br. und umfaßt den Norden von Ubangi, die beiden Distrikte Unter- und Oberuelle und einen Teil von Ituri ,also im wesentlichen die trocknere Nordostecke der Kolonie. Das südliche, bisher noch weniger entwickelte Anbaugebiet umschließt die Distrikte Maniema, Lomani, Sankuru und Kassai.

Die Kolonie hat also zwei Baumwollerntezeiten. Der Norden erntet von Dezember bis März, der Süden von Juni bis September.

Die Baumwolle wird fast nur von den Eingeborenen, somit in Kleinkultur gebaut. Da die Anbaugebiete verkehrsgeographisch erst wenig erschlossen sind, müssen die Ginnereien weit in diese hinein verlegt werden, um Trägertransport zu vermeiden. Sie sind deshalb klein und zahlreich. Je nach der Entlegenheit der Ginnereien sind auch die hergestellten Baumwollballen verschieden groß. Günstig gelegene und daher größere Fabriken, wie die von Lusambo am schiffbaren Sankuru und die von Kibombo an der Bahn Kindu-Kongolo, stellen bei der bequemen Abtransportmöglichkeit Ballen von 200 kg her, die binnenwärts gelegenen pressen Ballen von 100 kg und je nach der Lage sogar solche von 42 kg. Da Zugvieh wegen der Tsetse nur beschränkt verwendbar ist, haben sich der von Eingeborenen gezogene Karren und das leichte Automobil (Fordwagen) als die praktischsten Verkehrsmittel erwiesen.

Die Antriebsmaschinen der Kongoginnereien sind naturgemäß hauptsächlich Dampfmaschinen (Lokomobile), da genügend Brennholz vorhanden ist. Ölmotoren haben sich als ungeeignet gezeigt, da das eingeführte Öl zu teuer ist. Die Lokomobilen werden von Elefanten oder Traktoren befördert.

In der nördlichen Baumwollzone waren am 1. 5. 1925 an Ginnereien in Betrieb[1]) 7 (19)[2]) in Unteruelle, 4 (24) in Oberuelle, (7)[2]) in Ituri. Durch die Zunahme der Ginnereien wird in dieser wichtigsten Baumwollzone der Kolonie die Baumwollkultur in den nächsten Jahren einen bedeutenden Aufschwung erfahren. Die aufbereitete Baumwolle wird im westlichen Teil dieser Zone über Buta oder Likati zum Kongo geschafft, im östlichen zum Nil.

In der südlichen Baumwollzone gab es um dieselbe Zeit 2 (2)[2]) Ginnereien in Maniema, 1 in Lomami (1924) und 3 in Sankuru und Kassei (1924). Auch hier nimmt die Zahl der Ginnereien weiter zu. Die fertigen Ballen werden entweder nach dem Flußhafen Lusambo am Sankuru, nach Stanleyville oder Albertville am Tanganikasee geschafft. Daß sich die Baumwollkultur in der südlichen Zone verhältnismäßig langsam entwickelt, ist auf folgende Gründe zurückzuführen (32, 1925, II, 5):

1. Anwerbung von Arbeitern durch die Industrie in Katanga,
2. Anbau von Nahrungsgewächsen für diese Industrie von Seiten der Eingeborenen,
3. Mangel an Verkehrswegen und -mitteln.

Angola. In Angola ist die Baumwollkultur gegenüber der Rohrzuckerindustrie ganz zurückgetreten, nachdem sie schon einmal mit

---

1) Siehe Nr. 98 d. Lit.-Verz.

2) Die in Klammern gesetzten Zahlen bedeuten die Anzahl der um dieselbe Zeit konzessionierten Fabriken.

einem Export von 800 t während der nordamerikanischen Baumwollkrisis (1860/62) eine Blütezeit erlebt hatte. Man bemüht sich, die Kultur wieder zu heben, da die Kolonie klimatisch sehr dazu geeignet ist. Der Hauptanbaudistrikt liegt bei Catete (95 km von Loanda). Daneben gibt es noch eine Reihe kleinerer Gebiete mit Baumwollanbau. Ginnereien gibt es in Cabumbo am Cuanza und im Bezirk Icolo e Bengo (Catete).

Nigerien. In Nigerien ist die Baumwollkultur nicht erst durch den Europäer geschaffen worden. Baumwolle wird schon seit langer Zeit von den kulturell hochstehenden Eingeborenen gebaut und liefert den Rohstoff für das blühende Textilgewerbe der Eingeborenen, die damit ihren Eigenbedarf an Webstoffen decken. Auch heute noch, trotz der Einfuhr europäischer Erzeugnisse, wird ein großer Teil der Baumwollernte Nigeriens zu diesem Zweck verwendet. Auch der Anbau von Baumwolle, die für die Ausfuhr bestimmt ist, liegt ganz in Händen der Eingeborenen. Ein plantagenmäßiger Anbau scheint in dieser dicht ber siedelten Kolonie ausgeschlossen. Versuche, ihn an der Küste bei Ibadan und Sobo Plains einzuführen, sind fehlgeschlagen (4, 1921, Nr. 972).

Mit einem Baumwollexport von 7075 t (39000 Ballen) im Jahre 1924/25 stand Nigerien unter den baumwollproduzierenden Kolonien des tropischen Afrika an dritter Stelle.[1]) In der Exportmenge sind 5079 t (28000 Ballen)verbesserter amerikanischer Wolle enthalten.

Angebaut wird die Baumwolle in Nord-, Mittel- und Südnigerien. Im Süden beschränkt sich der Anbau auf den trockneren westlichen Teil.

Eine Reihe Ginnereien sind in Betrieb. Nach dem Bericht des Landwirtschaftsdirektors für 1918 sind nur die vier der Cotton Growing Association gehörenden Fabriken in Lafengwa, Ibadan, Oshogbo und Zaria modern eingerichtet (sämtlich mit pneumatischer Antriebskraft). Diese vier Fabriken sind typische Zentralginnereien.

Die vier Betriebe haben eine gute Verkehrslage an der Bahn Lagos-Kano in den Hauptbaumwollgebieten. Die Fabrik Zaria hat sich zu einem Zentralginnplatz ersten Ranges entwickelt. In diesem Distrikt wächst der Anbau stetig. Zaria ist durch eine Autostraße mit Sokoto verbunden und zieht dadurch das Anbaugebiet des Nordwestens der Kolonie in seinen Bereich. Als Transportmittel dienen Kraftwagen, Esel, Kamele und Zugochsen im Gegensatz zum südlichen Baumwollgürtel, wo noch der Trägertransport vorherrscht und dementsprechend auch kleinere Ginnereien. Die Zaria-Ginnerei gehört zu den größten auf der Erde (4, 3. 19). Ihre Antriebskraft gewinnt sie durch Vergasung der Baumwollsaat, ihre Leistungsfähigkeit beläuft sich

1) Uganda 1924 21093 tons, Anglo-ägyptischer Sudan 8364 tons.

auf 1000 Ballen pro Woche. Lamp (26, 1921, S. 469) weist aber mit Recht darauf hin, daß für die weitere Förderung der Baumwollkultur die Errichtung von Hilfsginnereien erforderlich ist, zumal die einzelnen Anbaugebiete sehr verstreut liegen. So wird die Fabrik von Zaria entlastet werden durch die Ginnerei von Gusau (187 km von Zaria in der Richtung auf Sokoto). Eine Erhöhung der Baumwollproduktion wird eintreten durch die Verlängerung der Eisenbahn über Kano hinaus bis zum Tschad-See, dessen Uferländer Baumwollgebiete ersten Ranges werden können.

Die andern westafrikanischen Kolonien. In den übrigen tropischen Kolonien Afrikas — vielleicht mit Ausnahme Togos — tritt die Baumwollkultur gegenüber andern Kulturen, wie Kakao-, Erdnuß-, Ölpalm- und Kolakultur, vorläufig noch ganz zurück. In den letzten Jahren hat man sich aber sehr bemüht, diese Kultur zu entfalten, besonders im französischen Sudan. Zahlreiche Ginnereien sind errichtet worden oder befinden sich noch im Bau. Die Lintausfuhr dieser Gebiete nimmt daher ständig zu. Die Baumwollkultur liegt in den folgenden Kolonien fast ganz in den Händen der Eingeborenen.

Dahomey. Gegenüber der Ölpalmausbeute verschwindet die Baumwollkultur vorerst noch, hat aber steigende Tendenz. Anfang 1926 waren 6 Ginnereien in Betrieb und 5 im Bau. Sie liegen teils an den Eisenbahnen, an den Flüssen und binnenwärts:

Ginnereien in Betrieb	im Bau
1 in Kotonu	1 in Djugu
1 „ Bohicon am Ouémé	1 „ Dassa-Zumé
1 „ Savalu	1 „ Paraku
1 „ Djugu	1 „ N'Dali
1 „ Parahué	1 „ Kandy
1 „ Bohicon	

Eine Kapokginnerei ist in Kandy in Betrieb.

Die Lintausfuhr betrug 1925 680 t gegen 321 t im Jahr vorher.

Togo. In Togo ist der Baumwollanbau als Eingeborenenkultur unter der vorbildlichen deutschen Verwaltung entwickelt worden. Die Ausfuhr von 517 t 1911 stammte zu 95% aus den drei durch Eisenbahnen erschlossenen Hauptanbaubezirken der Kolonie, Anecho und Lome-Land, Misahöhe und Atakpame. 1912 waren zehn Kraftginnereien in Betrieb, die sich auf die einzelnen Bezirke, wie folgt, verteilen[1]):

1) Aus den Verhandlungen der Baumwollanbau-Kommission des Kolonialw. Komitees, 1912, Nr. 1.

Ort	Zahl	Einrichtung	Antrieb
Atakpame. . . .	2	1 Sägegin 1 hydraulische Presse	16 P. S. Dampfmaschine
		1 Sägegin 1 hydraulische Presse	6 P. S. Petroleum-Motor
Ho.	1	1 Sägegin 1 hydraulische Presse	8 P. S. Petroleum-Motor
Kpandu	1	1 Sägegin 1 hydraulische Presse	12 P. S. Petroleum-Motor
Kpedji	1	1 Sägegin 1 hydraulische Presse	10 P. S. Dampfmaschine
Kpeme	1	1 Sägegin 1 Lintergin 1 hydraulische Presse	16 P. S. Lokomobile
Nuatjä	1	1 Sägegin 1 Lintergin 1 hydraulische Presse	8 P. S. Lokomobile
Palime	1	1 Sägegin 1 hydraulische Presse	8 P. S. Petroleum-Motor
Sagada	1	1 Sägegin 1 hydraulische Presse	16 P. S. Petroleum-Motor
Sokode	1	1 Sägegin 1 Spindelballenpresse	8 P. S. Hochdrucklokomobile

Dazu kommt noch die große Ginnerei der Togo-Baumwollgesellschaft in Lome am Knotenpunkt der drei Togobahnen.

Wie sich aus der Tabelle ergibt, sind die Ginnereien bis auf die von Lome klein und alle nur mit einer Gin ausgestattet. Nur in Atakpame, dem Endpunkt der Eisenbahn, befinden sich zwei Fabriken. Die beiden Fabriken in Ho und Kpandu gehören zur britischen Zone.

Aus der französischen Sphäre, welche die Hauptbaumwollgebiete Togos in sich schließt, wurde 1925 rund 1600 t Lint ausgeführt.

Goldküste. Der lohnende Kakaoanbau hält in dieser Kolonie alle eingeborenen Arbeitskräfte gebunden. Die Produktion an Baumwolle ist kaum nennenswert. Vier kleine Ginnereien befinden sich in Labolabo am Volta, Tamale, Gambaya und Wa, sind aber zum Teil wieder abgebrochen worden. Den Bemühungen der British Cotton Growing Association ist kein Erfolg beschieden gewesen.

Elfenbeinküste. In dieser Kolonie ist eine Baumwollausfuhr erst ermöglicht worden, seitdem die Eisenbahn von Abidjean aus den 120 km breiten Urwaldgürtel durchschnitten und damit die dahinterliegende Savanne erschlossen hat. 1912 wurde die Bahn vollendet. 1913 wurden zum erstenmal 18 t Baumwolle exportiert, 1924 263 t. Zwei Ginnereien sind in Betrieb am Endpunkt der Bahn in Bouaké, weiter binnenwärts eine in Korhogo und eine in Séguéla. Da die Savannen- und Steppenzone noch nicht genügend Verkehrswege besitzt, wird die Saatwolle noch an mehreren Stellen mit Handginnereien aufbereitet.

Sierra Leone, Franz. Guinea. Hier ist die Baumwollaufbereitungsindustrie vertreten durch eine Ginnerei in Boia (Knotenpunkt der beiden Eisenbahnen der Kolonie). In der franz. Kolonie befindet sich eine Ginnerei in Kurussa und eine zweite in Kankan, beide an der Eisenbahn. 1925 wurden aus franz. Guinea 222 t Lint exportiert.

Franz. Senegal. Hier gibt es je eine Ginnerei in Kolda (Bezirk Ziguinchor), in Tambacunda, Richard Toll, Matam und Bakel.

Franz. Sudan. Durch großzügige Bewässerungsanlagen am Senegal und im Nigertal sucht man die Baumwollkultur zur Blüte zu bringen. Vermittels hydroelektrischer Kraft, die aus den Felu-Fällen bei Kayes gewonnen wird, pumpt man aus dem Senegal Wasser. Bei Sotuba am Niger (Bammako) hat man einen Staudamm und einen Bewässerungskanal gebaut.

Über den Stand der Aufbereitungsindustrie gibt folgende Zusammenstellung Auskunft (28. Heft Juni 1926):

	1925 entkernt
Assoc. Cot. Col.	
Ginnereien in Kutiala, Segu, San . . . . provisorische Ginnereien in Bugumi, Sikasso	250 t
Soc. d'Entrepr. Afric.	
Ginnereien in Bammako Kayes, M'Pesoba	297 t
Soc. an. des Cultures de Diakandape	140 t
Plantation Delaye in Diamu	222 t
Macina-Niger (Kulikoro)	71 t
	980 t

In Kayes befindet sich eine Kapokginnerei.

Ober-Volta. In dieser binnenwärts gelegenen und verkehrsgeographisch kaum erschlossenen Kolonie ist man um die Vermehrung der Baumwollproduktion bemüht. 1925 wurden schon 750 t Lint ausgeführt gegenüber 60 t 1924. An Ginnereien sind in Betrieb eine in

Wagadugu, die andere in Bobo Diulasso, daneben noch drei provisorische Ginnereien. Sieben weitere Fabriken wurden 1925 errichtet, die bis zum März des darauffolgenden Jahres in Betrieb sein sollen, und zwar in Bobo, Dedugu, Tugan, Kudugu, Wagadugu, Fada und Tenkodogo.

4. Sisalaufbereitungsindustrie.

Die Agavenkultur zum Zweck der Fasergewinnung hat in den letzten Jahrzehnten im tropischen Afrika einen bedeutenden Aufschwung genommen. Für eine größere Produktion kommen heute vier Gebiete in Frage, das ehemalige Deutsch-Ostafrika, die Kenya-Kolonie, Mauritius und Mosambik. Am ältesten ist die Kultur auf Mauritius, wo sie schon 1790 eingeführt wurde, in der deutschen Kolonie wurden 1893 die ersten Anbauversuche gemacht und im 1. Jahrzehnt dieses Jahrhunderts folgte auch die britische.

Der Sisalhanf wird in Ostafrika von zwei Agavenarten gewonnen, von der Agave fourcroydes (Aloe), der weißen Sisalagave, die den sog. Mauritiushanf liefert, und der Agave sisalana, der grünen Sisalagave. In der ehemaligen deutschen Kolonie wird nur noch die grüne Sisalagave angebaut, ebenso überwiegend in der Kenya-Kolonie, auch auf Mauritius dringt sie allmählich gegen die wildwachsende Agave fourcroydes vor (132, 1917, Nr. 9 u. 99, 1922). Die Kultur der Sisalana hat sich als vorteilhafter herausgestellt. Die in den Steppengebieten wildwachsende Sanseviera, die im übrigen mit den Agaven nicht verwandt ist, wird nur noch vereinzelt zur Fasergewinnung ausgebeutet.

Die Agaven kommen auf verschiedenen Böden vor, sind aber in Fasergehalt und in Faserlänge von der Art des Bodens sehr abhängig. Auch das Klima beeinflußt den Faserreichtum beträchtlich. Nach W. F. Bruck (23) gedeihen die Agaven am besten in einem ausgesprochen tropischen Klima mit mittlerer Luftfeuchtigkeit, Tau und leichtem Regen. Viel Sonne ist ein notwendiges Lebensbedürfnis des Sisals. Die immerfeuchten Gebiete sind also für seinen Anbau wenig geeignet. Nach demselben Verfasser reichen die besten Lagen für den Anbau bis zu einer Meereshöhe von 200 m. In der ehemaligen deutschen Kolonie werden von den Pflanzungen diese Höhen nur um wenige 100 m überschritten. In der Kenya-Kolonie jedoch liegt das Hauptanbaugebiet bis über 1200 m hoch (Punda Milia).

Die Gewinnung der Sisalfaser aus dem Agavenblatt ist im großen nur maschinell möglich. Eine Gewinnung mit der Hand durch Eingeborene gibt es in Ostafrika nicht. Die Pflanzungen sind mit modernen Fabriken versehen, die sich als Antriebskraft für ihre Maschinen der mit Holz oder Kohle befeuerten Dampfmaschine oder der Wasserkraft bedienen. In der Entfaserungsmaschine wird die Faser des frisch geschnittenen Blattes von den fleischigen Bestandteilen getrennt. Sie wird dann in Wasserbassins gewaschen, wozu fließendes Wasser erforderlich ist, in der Luft getrocknet und gebleicht. In einer Bürstenmaschine wird sie einer zweiten Reinigung unterworfen und, wie die Baumwolle, zum Versand gepreßt und in Ballen verpackt.

Der Standort der Sisalaufbereitungsindustrie ist eng mit dem Anbau verknüpft. Die Sisalblätter müssen möglichst innerhalb 24 Stunden nach dem Schnitt verarbeitet werden. Das an Saft reiche Blatt verdirbt sehr schnell durch Gärung, ähnlich wie das Zuckerrohr; ein längerer Transport ist deswegen ausgeschlossen. Diesen sucht man auch aus einem zweiten Grund zu vermeiden. Das Gewichtsverhältnis der gewinnbaren Faser zum Gesamtgewicht des Blattes beträgt nur 3—4%. Das übrige ist nutzloser Abfall, dessen praktische Verwertung bisher noch nicht durchgeführt werden konnte.[1]) In vielen Sisalplantagen liegt deshalb die Fabrik in der Mitte und ist mit den Feldern zur regelmäßigen und schnellen Versorgung mit Blattmaterial durch Feldbahnen verbunden. Jede größere Sisalpflanzung besitzt eine Fabrik. Aus den oben angeführten Gründen ist die Errichtung einer großen, zentral gelegenen Sisalfabrik, etwa für mehrere Pflanzungen in einem Bezirk, wie es bei den Ginnereien häufig der Fall ist, nicht leicht möglich.

Während für das Wachstum der Agaven eine künstliche Bewässerung nicht nötig ist, ihr Anbau sich also von natürlichen Wasserstellen entfernen kann, ist für die Lage der Fabrik dagegen das reichliche Vorhandensein von Wasser von entscheidender Bedeutung, da bei der Herstellung der Faser große Mengen verbraucht werden. Alle möglichen Arten der Wasserversorgung finden bei den Fabriken Anwendung. Sie liegen sowohl an Wasserfällen wie an Flüssen, oder das Wasser wird von Wasserstellen, sogar vom Meer, zur Fabrik heraufgepumpt und in besonderen Einrichtungen brauchbar gemacht. An verschiedenen Plätzen sind kostspielige Brunnenanlagen errichtet worden. Da in der Trockenzeit die Wasserführung der natürlichen Wasserstellen sich stark verringert, in den Dürreperioden, worunter das tropische Ostafrika häufig zu leiden hat, fast ganz versiegt, ist bei vielen Sisalfabriken die Fabrikation sehr erschwert und kann nur durch sparsamsten Verbrauch des Wasservorrats aufrechterhalten werden.

---

1) Die Sisalfabrik in Diakandape (s. S. 86) gewinnt in einer Destillationsanlage aus dem Abfall Alkohol (32, 1926, Heft Febr.).

Zu dieser Abhängigkeit der Sisalfabriken vom Klima tritt noch eine zweite. Während die Blätter der Sisalagaven, die im allgemeinen im dritten Jahr schnittfähig werden, das ganze Jahr über geerntet werden können, muß die Fabrikation zur Regenzeit häufig unterbrochen werden, da die Faser dann nicht trocknen kann. Künstliche Trocknung und Bleichung wenden die Sisalfabriken nicht an. Anderseits leidet die Güte der Faser, wenn z. B. in Dürreperioden die Faser zu schnell trocknet ohne genügende Bleichung.

Da Sisalhanf ein Massenprodukt darstellt, ist selbstverständlich die Lage der Fabriken in der Nähe von leistungsfähigen Verkehrswegen notwendig. In Ostafrika liegen die meisten in der Nähe der Eisenbahn, ein Teil auch an der Küste.

Der Sisalanbau wird in Ostafrika nur plantagenmäßig betrieben. Die großen Plantagen herrschen vor. Als Eingeborenenkultur eignet er sich nicht schon wegen der dünnen Bevölkerung in den heutigen afrikanischen Sisalanbaugebieten, abgesehen von Mauritius. Dazu kommt der hohe Kapitalbedarf für die notwendigen Maschinen und eine große Anbaufläche, ferner die erforderliche örtliche Verbindung von Anbau und Fabrik und die Notwendigkeit einer regelmäßigen Blattzufuhr, wenn die Maschinen rentabel arbeiten sollen. Zur Erläuterung seien einige von Bruck (23, S. 39) übernommene Zahlen angeführt: Für die moderne Neu-Corona-Entfaserungsmaschine müssen an einem Arbeitstag pro Maschine 100000—120000 Blätter zur Verfügung stehen. Das macht auf rund 300 Arbeitstage im Jahr allein schon 30000000 Blätter. Da eine einzelne Pflanze bei einem guten Durchschnitt rund 200 schnittfähige Blätter liefert und eine Lebensdauer von 9—10 Jahren besitzt, so bedarf obige Maschine zur völligen Ausnützung ihrer Leistungsfähigkeit bei einem Bestand von 2500 bis 3500 Agaven eines Areals von rund 500 ha. Kleinere Pflanzungen wenden noch vielfach einfache Maschinen, sog. Raspadoren, an, die zwar ebenfalls rentabel arbeiten, aber unter Verbrauch vieler Arbeitskräfte. Bei dem Arbeitermangel in den Sisalgebieten ist jedoch die Anwendung der modernen, Arbeitskraft ersparenden Maschinen eine Notwendigkeit. Der Arbeitermangel wird dadurch verstärkt, daß die Eingeborenen eine Abneigung gegen die Arbeit in der Sisalfabrik haben. Die spitzen Stacheln der Blätter und der Saft, der beim Entfasern herausfließt, greifen die Haut sehr stark an (104, 1922/23).

Eine industrielle Weiterverarbeitung der Sisalfaser, wie etwa in Yukatan, gibt es in den ostafrikanischen Sisalanbaugebieten noch nicht — wenigstens nicht in nennenswertem Umfang und fabrikmäßig, — obwohl die wirtschaftlichen Vorbedingungen dazu gegeben sind. Bei dem großen Bedarf an Packmaterial für die afrikanisch-tropischen Produkte wird es wohl nur noch eine Frage der Zeit sein, daß man dieses an Ort und Stelle aus dem vorhandenen Rohstoff fabrikmäßg herstellt.

Ehemaliges Deutsch-Ostafrika. In dieser Kolonie hat die Sisalkultur eine schnelle Entwicklung genommen und war schon 1913 dem Werte nach das zweitwichtigste Ausfuhrprodukt. Die Ausfuhr an Sisalfaser betrug:

1900	7,5 t
1905	1 140 t
1910	7 200 t
1913	20 800 t
1924	18 700 t

Die Hauptsisalanbaugebiete sind folgende:

Der Tanga- und Usambara-Bezirk längs der Eisenbahn	9394[1])
der Daressalam-Morogoro-Distrikt	1509
der Lindi-Mikindani-Bezirk an der Südküste	1642

Durch das schnelle Anwachsen der Sisalpflanzungen war die Arbeiterbeschaffung äußerst schwierig geworden. Die in den Sisaldistrikten seßhaften Eingeborenen reichten nicht aus, so daß Arbeiter unter hohen Kosten aus den volkreichen Bezirken an den Seen beschafft werden mußten, was auch heute noch stellenweise der Fall ist.

Kenya-Kolonie. In der benachbarten Kenya-Kolonie hat die Sisalkultur auf Kosten der deutschen Nachbarkolonie während des Krieges einen schnellen Aufschwung genommen. 1912 waren erst 300 ha mit Sisal bestanden, 1923 schon 15600 ha. Die Sisalausfuhr betrug 1924 11400 tons gegen 8820 im Jahr vorher. Die Verteilung des Anbaus ergibt sich aus folgender Zusammenstellung:

Kenya-Provinz:	Fort Hall	8 924 acres
Naivashi-Provinz:	Eldama Ravine	500 ,,
	Naivasha	648 ,,
	Trans Nzoia	607 ,,
	Uasin Gishu	4 ,,
Nyanza-Provinz:	Kisumu	2 304 ,,
Seyidie-Provinz:	Malindi	1 340 ,,
	Mombasa	1 600 ,,
	Vonga	1 080 ,,
	Voi	2 288 ,,
Ukamba-Provinz	Kikuyu (Kyambu)	3 465 ,,
	Machakos (Ulu)	7 737 ,,
	Nairobi	553 ,,
		31 050 acres

1) Die Zahlen geben die Produktion der einzelnen Distrikte in tons für das Jahr 1923 an.

1923 hat sich der Anbau um weitere 8000 acres vermehrt. In Kenya sind die Plantagen im allgemeinen kleiner als in der deutschen Nachbarkolonie. 1921 gab es 21 Sisalfabriken.

Mauritius. Auf Mauritius bedient man sich bei der Ausbeutung der zum Teil plantagenmäßig gezogenen, zum Teil verwilderten Agaven (Aloe)[1]) einfacher Entfaserungsmaschinen, der sog. „grattes", die auf der Insel selbst in den „Forges et Fonderies" in Port Louis gebaut werden. 43 kleinere Fabriken sind in Betrieb. Sie verteilen sich auf folgende Distrikte (90):

Pamplemousses	7
Rivière du Rempart . .	4
Flacq	3
Plaines Wilhems	4
Moka	1
Savane	1
Black River	22
Port Louis	1
	43

Die Fabriken befinden sich in Händen von eingeborenen, wenig kapitalkräftigen Indern. Der Faserexport belief sich 1924 auf 1000 t. Die Faserindustrie ist hinter der Rohrzuckerindustrie stark zurückgetreten. Auf der von Indern dicht besiedelten Insel bereitet die Arbeiterbeschaffung keine Schwierigkeit. Die Sisalkultur, die in den letzten Jahren von der Regierung gefördert wird, ist vertreten durch zwei Plantagen mit je einer Fabrik. Eine davon gehört der Regierung.

Mayotte und Anjouan. Hier wird Aloefaser in kleinem Umfang gewonnen. Anjouan besitzt zwei elektrisch betriebene Entfaserungsfabriken in Bambao und Sangany.

Reunion. Im kleinen wird auch auf dieser Insel Aloefaser hergestellt, und 1924 wurden 143 t exportiert.

Mosambik. Die portugiesische Provinz ist ein aussichtsreiches Sisalgebiet der Zukunft. Erst seit 1913 hat diese Kultur hier festen Fuß gefaßt. Der Export belief sich schon im Jahre 1922 auf über 3000 t. Der Anbau liegt hauptsächlich im Norden der Provinz, besonders in den gut erschlossenen Distrikten von Quelimane und dem von der Mosambik-Gesellschaft verwalteten, vornehmlich im Sambesi-Tal. Einige dieser Plantagen umfassen mehrere tausend Hektar und sind mit mehreren Fabriken ausgestattet.

Die Comp. da Zambesia hat eine Plantage im Massingire-Distrikt mit Fabrik in Aguas Quentes bei Villa Bocage (Nordseite des Sambesi-

1) Das Areal, das von ihr bedeckt ist, schätzt man für 1924 auf 8000 ha (99, 1924).

Tals). Hier sollen noch weitere Fabriken errichtet werden. Die Gesellschaft verfügt über eine Reihe Dampfer, Motorboote und Barkassen.

Die Comp. de Boror hat einige tausend Hektar Sisal auf den Boror- und Namedurro-Prazos mit mehreren Fabriken, außerdem Sisalplantagen in den Distrikten Quelimane und Mosambik.

Die Empreza Agricola do Lugella besitzt Plantage und Fabrik in Lugella, die Mosambik-Gesellschaft Plantage und Fabrik in Chupanga. Die Sisalfaser wird von den Sambesifabriken entweder auf dem Wasserweg oder mit der Transsambesi-Bahn nach Beira befördert. Bei der verkehrsgeographisch günstigen Lage hat das untere Sambesi-Tal Aussicht, ein Sisalgebiet ersten Ranges zu werden.

Im Süden der Provinz befindet sich eine Sisalplantage und Fabrik in Mutamba, nördlich von Port Matolla.

Brit. Nyassa-Land. Ebenfalls aussichtsreich, aber noch ganz im Anfangsstadium steckend, ist die Sisalkultur in dieser Kolonie. Fabriken und Plantagen befinden sich im unteren Schire-Distrikt, wie die Fabrik 6 km oberhalb Port Herald, im Ruo-Distrikt eine Fabrik zwischen Sankulam und Schiromo und im Blantyre-Distrikt die Fabrik von Mandimwe.

Die Westseite des tropischen Afrika. Im Westen ist die Sisalkultur bisher nur in geringem Umfang entwickelt. In Angola wachsen Sisal und andere Agaven vor allem im nördlichen Küstengürtel. Sie werden an verschiedenen Stellen kultiviert und auf einfache Art aufbereitet. Die erste große Sisalfabrik ist in den letzten Jahren bei Bailundo auf dem Benguella-Plateau errichtet worden. In Togo (franz. Sphäre) befinden sich drei Fabriken mit Plantagen in Agu, Kpeme und Porto Seguro. Der Export betrug 1923 nur 98 t und ist im Jahr darauf noch beträchtlich gesunken. In Accra an der Goldküste liegt eine Sisalplantage von 400 ha mit Fabrik. Die Regierung, der diese Plantage gehört, ist bemüht, die Sisalagave von den Eingeborenen in Kleinkultur anbauen zu lassen. Die Fabrik soll als Zentral-Entfaserungsanlage dienen. Zwei Sisalfabriken und mehrere Plantagen liegen im franz. Sudan, sie gehören der Soc. des plantations de l'Afrique und der Soc. des Cultures de Diankandape. Die Ausfuhr belief sich 1923 auf 309 t.

5. Flachsaufbereitungsindustrie.

Während des Krieges hat sich in der Kenyakolonie eine Flachskultur herausgebildet. 1920 waren schon 14% der gesamten in dieser Kolonie bebauten Fläche mit Flachs bestanden. Da diese Pflanze (linum usitatissimum) kühleren Klimaten angehört, beschränkt sich ihr Anbau in der britischen Kolonie auf das Hochland von über 2500 m Meereshöhe.

Zur Gewinnung der Faser aus den Flachsstengeln sind drei Arbeiten nötig, das Rotten oder Rösten, das Brechen und das Schwingen. Da im Flachsgebiet der Kolonie genügend Wassermengen vorhanden sind, wendet man hier die natürliche Rottung in fließendem Wasser an. Nach der Rottung werden die Stengel getrocknet — hier im Freien — und wandern dann in die mit Brech- und Schwingmaschinen versehenen Entfaserungsfabriken. 1920 gab es in der Kolonie schon 68 Fabriken mit zusammen 1225 Schwingrädern:

1919/1920.

Distrikt	bebaute Fläche	Fabriken	Schwingräder
Eldame Ravina	1461 acres	3	90
Port Hall	102 „	1	2
Kisumu	45 „	—	—
Kyambu	2368 „	6	75
Lumbwa und Kericho	3239 „	7	102
Machakos	4 „	—	—
Nairobi	122 „	—	—
Naiwashi und Gigil	1516 „	5	81
Nakuru und Njoro Salae	10421 „	14	275
Njari	39 „	1	12
Ramuruti	56 „	1	8
Trans Nzoia	2094 „	7	80
Uasin Gishu	11882 „	23	527
	43349 acres	68	1252[1])

Verschiedene Fabriken bedienen sich der Wasserkraft. Außerdem liefert der holzige Abfall ein vorzügliches Brennmaterial zum Betrieb von Dampfmaschinen.

Die Flachserzeugung betrug 1921/22 3763 cwts. An Leinsaat wurden 42000 cwts hervorgebracht. Die Saat wird in der Kolonie noch nicht zu Öl verarbeitet, sondern ausgeführt. Die Flachserzeugung ist im Rückgang begriffen.

6. Erdnußaufbereitung.

Die Frachtraumnot während des Krieges und in den Jahren unmittelbar danach hat eine Erdnußaufbereitungsindustrie im tropischen Afrika ins Leben gerufen.[2]) In franz. Senegal sind 6 Erdnuß-

1) Zahlenangaben nach (26, 1921).

2) 1 cbm Erdnüsse in Schalen wiegt 320 kg
1 „ „ ohne „ „ 620 „

schälfabriken in Betrieb gesetzt worden, in Rufisque, Dakar, Kaolack, Saboya, Ziguinchor und Fundiugne, also an den Erdnußausfuhrhäfen. Geplant ist die Errichtung noch einer weiteren Fabrik in Diurbel. Die Schalen werden in Brikettform gepreßt und ergeben in diesem holzarmen Land ein gutes Brennmaterial. Nachdem Schiffsraum wieder reichlich angeboten wurde, ging die Produktion der Schälereien beträchtlich zurück und hat 1925 fast ganz aufgehört. Über die Entwicklung dieser interessanten Industrie gibt folgende Tabelle Auskunft:

Erdnußausfuhr	ungeschält	geschält
1917	175 478 t	102 t
1918	106 387 t	13 734 t
1919	172 327 t	75 430 t
1920	239 195 t	45 858 t
1924	310 369 t	5 282 t
1925	426 249 t	20 t

Eigentümlicherweise liegen die Fabriken an den Häfen. Im Inneren gibt es keine Fabrik (27, S. 479), obwohl dort der Standort viel natürlicher wäre. Gerade um Transportlasten zu ersparen, wird aus binnenwärts und unerschlossen gelegenen Gebieten anderer Kolonien die Erdnuß in geschältem Zustand exportiert, wie aus Nigerien oder dem ehemaligen deutschen Ostafrika. Hier werden die Erdnüsse von den Eingeborenen mit der Hand oder in Mörsern geschält.

Die nächste Stufe der Erdnußaufbereitung, die Herstellung von Erdnußöl, hat auch schon im tropischen Afrika Eingang gefunden. Im franz. Senegal sind fünf moderne Erdnußölmühlen in Betrieb: In Dakar, St. Louis, Rufisque, Thies und Kaolack, letztere mit einer Leistungsfähigkeit von mehreren 1000 t Öl jährlich. Die Fabriken liegen ebenfalls an den Erdnußhäfen oder, wie Thies, an der Bahn (Eisenbahnknotenpunkt!). Das Öl wird in der Kolonie selbst verbraucht und die Ölkuchen exportiert. Folgende Zahlen zeigen die Entwicklung der Industrie:

Ausfuhr	1920	1924	1925
Erdnußöl	163	13	20
Ölkuchen	682	2502[1])	2999[1])

Eine weitere Erdnußölmühle ist geplant, vielleicht auch heute schon fertig, in Guendo im Bezirk Tamba-Cunda.

1) Von Januar bis August.

Die Ölmühle von Conakry in franz. Guinea stellt neben sonstigem Öl auch solches aus Erdnüssen her. Eine Ölmühle in Wagadugu in franz. Ober-Volta liefert der elektrischen Zentrale dieser Stadt Erdnußöl zum Betrieb von Pflanzenölmotoren. Im belg. Kongo wird in der Mission von Thielen Saint-Jacques (Distrikt Lomami) fabrikmäßig Erdnußöl erzeugt. Auf Mauritius befinden sich zwei solcher Mühlen mit 500 hl Jahresproduktion, ebenfalls eine in Beira. Neben Erdnuß, Ölpalmfrucht und Kokos werden noch andere Ölsaaten von einer größeren Anzahl Ölmühlen im tropischen Afrika verarbeitet, zum Teil primitiv, zum Teil mechanisch.

7. Maniok- oder Cassadaaufbereitung.

Auf Madagaskar und Reunion hat sich eine moderne Maniokaufbereitungsindustrie entwickelt im Anschluß an den Anbau von Maniok oder Cassada (Manihot utilissima), der auf den beiden Inseln einen bedeutenden Umfang angenommen hat. Auf Madagaskar bestehen 12 moderne Fabriken, auf Reunion 10[1]), die sich mit der Herstellung von Maniokfabrikaten, Maniokmehl, Tapioka usw. befassen.

Madagaskar exportierte z. B. 1921:

Maniok (roh und getrocknet)	14 500 t
Maniokmehl	6 800 t
Maniokstärkemehl	2 100 t
Tapioka	280 t

Reunion führte 1924 von diesen Produkten ca. 2000 t aus.

8. Kokosnußaufbereitung.

Die Herstellung von Kopra im tropischen Afrika geschieht meist primitiv durch die Hände der Eingeborenen. Künstliche Trocknung wird erst vereinzelt angewandt, besonders in den großen Kokosplantagen in Mosambik und neuerdings auch auf Sansibar.[2]) Kokosnußöl wird auf Sansibar und den Seychellen gewonnen, zum Teil exportiert, zum Teil in heimischen Seifensiedereien verwandt. Das Öl wird meist noch in primitiven, von Eingeborenen betriebenen Mühlen hergestellt. Auf Sansibar gibt es daneben schon etwa vier größere mechanisch betriebene Mühlen, die sich auch mit der Fabrikation von Sesamöl befassen.

---

1) Diese 10 Fabriken sind nicht alle mit modernen Maschinen ausgestattet.

2) Das Klima macht während mehrerer Monate im Jahr das Trocknen in der Sonne schwierig, wenn nicht unmöglich. Das Trocknen der Eingeborenen mit Feuer ist ganz primitiv. Deshalb ist eine Koprafabrik zu Lehrzwecken errichtet worden (99, 1924).

9. Industrie ätherischer Öle.

Auf Sansibar, den Seychellen und Reunion ist die Gewinnung ätherischer Öle, und zwar vornehmlich von Lemongras-, Vetiver-, Ylang-Ylang-, Geranium- und Zimtöl heimisch. Während auf Sansibar fast ausschließlich in primitiver Weise destilliert wird, gibt es auf den Seychellen und Reunion schon eine Reihe moderner Destillerien. Auf den Seychellen hat sich diese Industrie im letzten Jahrzehnt schnell entfaltet. 1906 wurden in Sanssouci auf Mahé und auf Silhouette die ersten Destillerien gebaut, 1915 arbeiteten schon 12 Fabriken, und 1920 stieg ihre Zahl auf 50. Verarbeitet werden hier hauptsächlich Zimtblätter, während die Zimtrinde unverarbeitet ausgeführt wird. Mit der wachsenden Zahl der Fabriken stieg die Ausfuhr von Blattöl von 9600 l im Jahre 1915 auf 43400 l 1922. Auf Reunion sind 300—400 Destillierapparate in Betrieb. Hier wird hauptsächlich Geraniumöl gewonnen. 1924 wurden davon 116 tons ausgeführt. Diese Industrie ist auch durch eine Reihe Betriebe auf Nossi Bé (Madagaskar), Mayotte und Anjouan vertreten.

10. Die übrigen landwirtschaftlichen Industrien.

Die übrigen landwirtschaftlichen Industrien sind im folgenden zusammenfassend behandelt, weil sie entweder wenig industrielles Gepräge zeigen, nur in geringer Anzahl vorhanden sind, oder die Aufbereitung mehr oder weniger primitiv ist.

Der von den Eingeborenen angebaute Reis wird heute zum Teil in mechanisch betriebenen Mühlen geschält und teilweise auch gemahlen. Im belg. Kongo befinden sich etwa 8—10 solcher „Rizeries", so am Kongo in Bumba, Stanleyville, Kindu, dann in Lusambo am Sankuru, in Likati (Unteruelle), Madimba und Thysville (an der Bahn Matadi-Leopoldville) und in Luvu (Mayumbe). Die Fabrik in Stanleyville produzierte 1924 3000 t geschälten Reis, die von Kindu ca. 300 t, die beiden Fabriken in Bumba 1300 t. Diese Industrie ist also schon sehr leistungsfähig. In Uganda, wo der Reisanbau besonders in der Ostprovinz zunimmt, sind drei Reisfabriken (Power hullers) in Betrieb, für Deutsch-Ostafrika gibt die Statistik (21) vier Reismühlen an, die aber mehr mit primitiven Mitteln arbeiten. Auf Madagaskar gab es vor dem Krieg schon fünf mechanisch betriebene Schälereien. In Mosambik existieren eine Reihe, wie in Quelimane und Beira (letztere mit Poliervorrichtung), außerdem in Angola, und zwar in Malanje und Huambo (mit Poliervorrichtung). An der Goldküste gibt es eine Reisschälerei in Appolonia (Westprovinz), in franz. Guinea in Konakry.

Mühlen zum Mahlen von Getreide und sonstigen Produkten, zum Teil mechanisch betrieben, befinden sich fast in jeder Kolonie, wie z. B. Maniokmühlen. Kakao wird dort, wo er plantagenmäßig gebaut wird, in den sog. Kakaofabriken aufbereitet, wie in Kamerun und auf Sao Thomé. Wo dieser Baum von Eingeborenen kultiviert wird, an der Goldküste und in Nigerien, ist die Aufbereitung primitiv, entsprechend natürlich die Qualität des Produktes geringer.

Auch Kaffee und Tee werden teilweise in modernen Aufbereitungsfabriken bearbeitet. Die modernen Kaffee-Aufbereitungsanlagen zeigen ganz das Aussehen eines Fabrikbetriebes. Für die Eingeborenenkulturen hat man Zentralfabriken eingerichtet. In Uganda gibt es neben ein paar kleineren eine Zentralfabrik in Bugisha Hill. In Angola werden im Casengo-Distrikt 12 Kaffee-Aufbereitungsanlagen betrieben, davon ein paar mit neuzeitlichen Maschinen. Teefabriken gibt es eine Reihe in Brit. Nyassaland[1]), vier auf Mauritius, in Kenya eine Zentralteefabrik bei Limuru.

Die Aufbereitung von Vanille ist mehr Handarbeit. Anjouan hat einige 10 solcher Aufbereitungsanlagen mit ca. 2000 Arbeitern. Ebenso gibt es eine Reihe solcher Anlagen auf Mayotte, Reunion und den Seychellen.

Kautschuk und Tabak werden vielfach fabrikmäßig aufgearbeitet, letzterer besonders im brit. Nyassaland und Mosambik. Herstellung von gebrauchsfertigem Tabak, Zigaretten usw. schließt sich an einigen Stellen an die Tabakkultur an. Eine Tabakfabrik befindet sich in Cholo bei Blantyre (Nyassaland), in Loanda zwei, in Kinshassa (Kongo) eine, im ehemaligen Deutsch-Ostafrika eine (Zigaretten) und auf Mauritius eine (Zigaretten). In Lourenço Marquez existieren drei Tabakfabriken, zwei davon stellen Zigaretten her, die zum Teil nach Südafrika exportiert werden. 1920 wurden z. B. in dieser portugiesischen Stadt 316 t Tabak verarbeitet.

a) Fleischindustrie.

Diese Industrie hat sich schon in einigen Kolonien des tropischen Afrika entwickelt — naturgemäß in Savannen- und Steppengebieten —, am stärksten bisher auf Madagaskar. Hier stützt sie sich auf die reichen Rinder- und Schweineherden der Eingeborenen. 1924 gab es auf der Insel 7 293 000 Stück Rindvieh. Die Insel könnte jährlich über 400 000—450 000 Rinder zum Schlachten stellen

1) Die Steigerung in der Teeausfuhr dieser Kolonie von 700 000 lbs 1922 auf eine Million 1924 ist auf verbesserte Methoden in der Teeaufbereitung zurückzuführen (99, 1924).

(33, Nr. 7895, 1924). Rechnet man davon die Hälfte ab für den Lokalverbrauch der Eingeborenen, so bleiben immer noch rund 200000 Rinder. Daraus könnte die Insel jährlich ca. 35000 t Gefrier- oder Konservenfleisch herstellen. Da gerade in den Gebieten, wo sich die meisten Herden befinden, die Verkehrswege noch wenig entwickelt sind, so ergibt sich die Notwendigkeit, nur kleine Fabriken mit geringem Wirkungsradius zu errichten.

Produziert werden Gefrierfleisch, Konserven (auch Geflügelkonserven) und Schweineschmalz (6, 1918, S. 360 ff.). Acht Fabriken sind in Betrieb:

1 in	Boanamary	(Gefrierfleisch und Konserven)
1 ,,	Majunga	,, ,, ,,
1 ,,	Tamatave	,, ,, ,,
2 ,,	Diego Suarez	(Konserven)
1 ,,	Tananarivo	,,
1 ,,	Antsirabe	,,
1 ,,	Soanierana b. Tananarivo.	,,

Die beiden Fabriken von Tamatave und Majunga exportierten allein 1923 4100 t Rindfleisch, 580 t Schweinefleisch und 16 t Gefrierfleisch aus Geflügel. Die Fabriken beliefern u. a. auch die syrische Armee.

In Port Matolla bei Lourenço Marquez befinden sich Kühlanlagen für Fleisch. Eine Gefrierfleisch-, Fleischextrakt- und Konservenindustrie soll hier ins Leben gerufen werden (140). Verwertet werden sollen die Viehbestände aus Swaziland.

In Kenya ist die Regierung bemüht, eine Fleischindustrie zu entwickeln (104, 1924). Eine große Fabrik, welche Speck und Fleischkonserven produziert mit einer Leistungsfähigkeit von 30000 lbs pro Monat findet guten lokalen Markt.

Die wichtigste Industrie in der italienischen Kolonie Erythräa (111) ist die Herstellung von Fleischkonserven. In Asmara ist eine große Fabrik in Betrieb, die gerade vor dem Krieg fertig geworden ist und zur Versorgung des italienischen Heeres beigetragen hat (1917 1000 t). Die Fabrik schlachtet durchschnittlich 100 Rinder pro Tag und 300 bis 400 Schweine pro Jahr. Daneben wird auch Geflügel konserviert. Die Rinder kommen aus Nordabessinien. Wegen des kühlen Klimas auf dem Hochplateau von Erythräa (2500 m) werden die Fleischkonserven ohne Gefrieranlage hergestellt. Beschäftigt sind in dieser Fabrik 250 Eingeborene und 15 Europäer. Bei dem Holzmangel des Landes bereitet die Brennstoffversorgung größte Schwierigkeit.

Eine Fleischkonservenfabrik befindet sich in Bammako am Niger. Die Gefrierfleisch- und Konservenfabrik von Lyndiane bei Kaolack (franz. Senegal), die 1914 errichtet wurde und zur Versorgung der französischen Truppen diente, ist nach dem Krieg wieder stillgelegt worden. Eine Fleischindustrie scheint in dieser Kolonie bei dem jetzigen Viehbestand und dem Mangel an Verkehrswegen nicht lebensfähig zu sein (27, 1923, S. 1303).

In Mossamedes in Angola stellt eine Fabrik neben Fisch- und Gemüsekonserven auch solche aus Fleisch her, und es besteht die Absicht, die Fleischkonservenindustrie zu fördern. Man muß aber vorher für genügend Viehzufuhr sorgen (107, 1922).

b) Gemüsekonservenindustrie.

Neben der oben erwähnten Gemüsekonservenfabrik in Angola gibt es auf Reunion 5—6 Unternehmungen, die sich mit großem Erfolg mit der Herstellung von Konserven aus Früchten und Leguminosen befassen. Auf Madagaskar gibt es eine Gemüse- und Früchtekonservenfabrik in Fianarantsoa.

V. Holzindustrie.[1]

Die rationelle Ausnützung der Holzbestände im tropischen Afrika steht heute noch im Anfangsstadium. Neben dem Sägen mit der Hand ist die Holzindustrie in einer größeren Anzahl mechanisch betriebener Sägewerke vertreten. Bei dem Kohlenmangel im tropischen Afrika ist die Antriebskraft dieser Fabriken vornehmlich Wasser und durch Holzfeuerung erzeugter Dampf. Obenan steht die Verwendung des Holzes als Brennmaterial für Hausgebrauch, Industrie, Eisenbahnen und Dampfer.[2] Bau- und Nutzholz für den heimischen Gebrauch wird ebenfalls gewonnen.

Für die Belieferung des Weltmarktes kommt zunächst der west- und mittelafrikanische Urwald mit seinen Beständen an Edelhölzern in Frage. Die Aufbereitung dieser Hölzer für den Transport über See ist einfach.[3] Man bringt sie meist mit der Axt zum Teil in eine transportable Blockform, zum Teil werden sie aber auch im unbehauenen Zustand abtransportiert, besonders wenn es sich um leichtere,

1) Für diesen Abschnitt verdankt der Verfasser eine Reihe wertvoller Hinweise Herrn Forstrat Dr. Georg Escherich.

2) Die Eisenbahnen Kenyas z. B. verbrauchten 1924

16000 tons	Kohle	im Wert von	£	28000
94430 ,,	Holz	,, ,, ,,	,,	43990
6532 ,,	Öl	,, ,, ,,	,,	28862.

3) Die Versendung der afrikanischen Hölzer in Balken- oder Bretterform hat sich erst in allerletzter Zeit entwickelt und steht noch im Anfangsstadium.

schwimmbare Sorten handelt. Die Ostseite des tropischen Afrika mit ihren ganz anders gearteten, aber ebenfalls wertvollen Gebirgswäldern liefert auch nach Übersee, allerdings vorerst noch in geringem Umfang. Wertvolles Nutzholz geben z. B. die in Ostafrika weitverbreiteten afrikanischen Zedern (Juniperus procera) und die Podocarpus-Arten. Hier ist die Aufbereitung des Holzes für die Ausfuhr schon weitergehend und trägt mehr industriellen Charakter. Man stellt auch Balken und Bretter her. Aus Kenya wird das Zedernholz in Form von „slats" zur Fabrikation von Bleistiften verschifft.[1]) 1924 waren in dieser Kolonie 23 Sägewerke in Betrieb. In Uganda arbeiten ein paar große Sägewerke. Die Hauptmenge des Nutzholzes kommt aus dem Minzira-Forst. Ein neues, großes Sägewerk ist in der Nähe der Mündung des Kagera in den Viktoriasee errichtet worden mit einer 12 km langen Kleinbahn zur Sangobucht. In Deutsch-Ostafrika waren schon vor dem Krieg zwei große Sägewerke in Betrieb, welche die reichen Holzbestände in West-Usambara ausbeuteten, das elektrisch betriebene Werk „Neuhornow", das durch eine 9 km lange kühne Drahtseilbahn mit der Usambara-Bahn verbunden ist, und das Sägewerk „Sigi".

Ein besonderer Zweig der Holzindustrie befaßt sich mit der Gewinnung von Harthölzern, die im Land sehr gesucht sind. Die gewöhnlichen Holzsorten halten, auch wenn sie imprägniert sind, den Angriffen des Klimas und besonders der gefräßigen Termiten nicht stand. Sehr begehrt sind Hartholzschwellen für die Eisenbahn. Eine Reihe Sägewerke beutet die Bestände der harten und widerstandsfähigen Mangrovehölzer längs der afrikanisch-tropischen Küste aus. Kenya exportierte z. B. 1924 840400 Stück Mangrovehölzer (poles). Die großen Hartholzbestände im Süden von Mosambik werden industriell ausgenützt sowohl zur Herstellung von Möbeln als auch besonders zur Fabrikation von Eisenbahnschwellen, die guten Markt in der südafrikanischen Union finden. Solche Schwellen werden ebenfalls in den Sägewerken von Kamerun, Nigerien usw. hergestellt. In Sierra Leone beutet eine amerikanische Firma den Mangrovewald von Mabang zur Gewinnung von Holzschwellen und Brennmaterial aus.

Man stellt heute im tropischen Afrika auch schon Fertigprodukte aus dem vorhandenen Holz her. Eine Reihe kleinerer sowohl mit der Hand als auch mechanisch betriebener Möbelschreinereien arbeiten für den lokalen Bedarf. Vorbildlich sind hier vor allem die Werkstätten der Missionen. Daneben gibt es aber auch schon einige große

---

1) 1924 wurden aus dieser Kolonie 61352 Kubikfuß Zedernholz exportiert.

Fabriken, die sich mit der serienweisen Herstellung von Möbeln befassen. Erwähnt wurde oben schon die Möbelindustrie in Mosambik. In Loanda ist eine große, moderne Möbelfabrik in Betrieb. Der amtliche Bericht vom Kongo, wo sich schon eine größere Anzahl Sägewerke befindet (98, 1924), gibt für die Provinz Kongo-Kassai 14 mechanische Tischlereien und drei Möbelfabriken an. In Nioki (Distrikt Leopold II-See) ist eine Möbelfabrik errichtet worden, eine andere befindet sich in Stanleyville. Eine große Stellmacherei und Tischlerei mit elektrischer Kraft arbeitet in Lagos, eine andere in Wagadugu in Ober-Volta.

Die Säge- und Möbelindustrie entwickelt sich stetig weiter, da sowohl für Rohholz als auch für Möbel unbegrenzte Nachfrage besteht.

VI. Sonstige Industrien.

1. Gerbsäure-Industrie.

Während man bisher aus dem tropischen Afrika Gerbrinde von den Mangroven und andern gerbstoffhaltigen Pflanzen (besonders Akazienarten) unverarbeitet ausführte, beginnt man in neuerer Zeit, Gerbsäure im Lande selbst aus der Rinde zu extrahieren. Bis jetzt sind zwei Fabriken in Betrieb[1]), eine am Savane-Fluß etwa 40 km nördlich von Beira, welche 40 t frische Rinde pro Tag verarbeiten kann, die andere in Limuru in der Kenya-Kolonie, die Gerbsäure aus verschiedenen gerbstoffhaltigen Pflanzen gewinnt. Die Gerbsäure-Industrie soll in der portugiesischen Provinz weiter ausgebaut werden, besonders im Distrikt Quelimane (140). Diese Industrie ist aus verkehrsgeographischen Gründen besonders aussichtsreich für die noch wenig erschlossenen Binnengebiete, weil die Gerbsäure sich leichter transportieren läßt als die Rinde im unverarbeiteten Zustand. Für die Ausnutzung der Mangrovenbestände ist bei ihrer verkehrsgeographisch günstigen Küstenlage die Entwicklung einer Gerbsäure-Industrie nicht so zwingend.

2. Papier-Industrie.

In der Gegend von Tete am Sambesi in Mosambik hat eine britische Gesellschaft industrielle Anlagen errichtet zur Gewinnung von Papiermasse aus den dortigen reichen Baobabbeständen (105). Nach The African World (vom 3. 5. 19) hat eine portugiesische Ge-

1) In Natal gibt es schon drei Extraktfabriken. 1923 wurden von hier exportiert: 120662 short tons Gerbrinde; 17479 short tons Gerbextrakt.

sellschaft eine Konzession erhalten, um in Mosambik Papier und Papiermasse herzustellen. Die Fabrikanlagen sollen bei Lourenço Marques gebaut werden. In Kenya vergibt die Regierung Konzessionen zur Herstellung von Papiermasse aus Bambus, welcher ein erstklassiges Material für diese Fabrikation darstellt (26, 1923, S. 202 und 1922, S. 458ff.).

3. Seifenindustrie.[1])

Gestützt auf den Reichtum an fettstoffliefernden pflanzlichen Produkten und angeregt durch die große Nachfrage nach Seife im Land[2]), entwickelt sich im tropischen Afrika eine bedeutende Seifenindustrie, die in der Lage ist, nach und nach die Einfuhr von auswärts auszuschalten. Die Produktion der heute schon bestehenden Fabriken geht teilweise schon über den örtlichen Bedarf hinaus und wird in andern Kolonien abgesetzt.

Auf Sansibar und den Seychellen werden einige tausend Zentner Seife gewonnen und nach dem festländischen Afrika sowie den Inseln verfrachtet. Das Öl stammt aus der Kokosnuß. Auf Sansibar arbeiten drei Fabriken mit einer monatlichen Leistungsfähigkeit von je 60000 lbs. Auf der Insel Nossi Bé bei Madagaskar ist ebenfalls eine moderne Seifenfabrik in Betrieb.

Auf der Ostseite des festländischen Afrika ist diese Industrie vertreten durch einige kleinere Fabriken in Abessinien, mit vier Betrieben im ehemaligen Deutsch-Ostafrika, mit einer sehr leistungsfähigen in Lourenço Marques, neben einer kleineren in Chinde. Erstere hat eine Leistungsfähigkeit von 40000 Kisten Seife und 2000 t Öl pro Jahr. Als Rohstoff verwendet sie Kokosnüsse und Ölsaaten aus der Provinz und Rhodesien. Sie beliefert neben dem heimischen Markt auch noch Transvaal. Konzessionen zur Errichtung von weiteren Fabriken in den Distrikten von Lourenco Marques und Inhambane sind erteilt (140).

In Angola gibt es eine Reihe kleinerer Seifenfabriken, drei in Loanda, eine in Cambambe, eine in Quissama und eine in Benguella. Sie haben zum Teil eigene Ölmühlen. Neuerdings ist eine große Öl- und Seifenfabrik in Loanda erbaut worden.

---

1) Unter den Abschnitten Palmöl- und Baumwollsaatindustrie sowie unter Sodafabrikation ist schon auf die Entwicklungsmöglichkeit dieser Industrie und bestehende Fabriken hingewiesen worden.

2) Seife wurde z. B. importiert nach

fr. Guinea	1925	255 t
,, ,, Elfenb.-K.	1924	419 t
,, ,, Senegal	1922	1226 t.

Am stärksten hat sich bisher unter Ausnutzung des heimischen Palmöls die Seifenindustrie mit einigen 15 Betrieben im belg. Kongo entfalten können und hat hier große Zukunft. In der Provinz Kongo-Kassai waren 1924 drei Fabriken in Tätigkeit, eine davon in Kinshassa mit einer jährlichen Leistungsfähigkeit von 750—1000 t. In der Äquatorprovinz sind vier Fabriken in Gang, in Wendji, Inganda (beide bei Coquihatville), in Buzira am Fluß gleichen Namens (Nebenfluß des Ruki) und in Coquihatville selbst. Letztere ist die größte, die besonders Toilettenseifen herstellt. Sie exportiert auch nach franz. Äquatorialafrika. Die Seife obiger vier Fabriken sind in der ganzen Kongokolonie sehr gesucht. 1924 wurden von ihnen 388 t produziert. Außerdem gibt es in der Kolonie noch Seifenfabriken in der Ostprovinz, und zwar in Kindu und Stanleyville, in der Katangaprovinz in Kongolo, Kamatanda, Likasi und drei in Elisabethville.

Seifenfabriken sind ferner in Betrieb in Duala und Maka (Kamerun), Apapa (Nigerien) und Lome (Togo).

An sonstigen Industrien wären zu nennen eine Anzahl mehr oder minder moderner Gerbereien, wie in Kenya, Madagaskar, Mauritius und Angola. Klimatisch bedingt und charakteristisch für ein Tropengebiet ist die Eis- und Getränke-Industrie. Fast jede größere Siedlung der Weißen im tropischen Afrika verfügt über eine oder mehrere Eis- und Limonadefabriken. Da diese Betriebe für den lokalen Bedarf sorgen, sind sie meistens klein. In Leopoldville und Daressalam gibt es je eine Brauerei.

4. Die übrigen Fertigindustrien.

Nennenswerte Fertigindustrien existieren sonst kaum. Die Textilindustrie, die man sehr gut für die Industrialisierung eines Landes als Maßstab nehmen kann, ist im tropischen Afrika im Gegensatz zu Brasilien und Indien nicht vorhanden[1]), abgesehen natürlich von den primitiven Methoden der Eingeborenen. Als Besonderheiten sind noch zu nennen eine Glasfabrik in St. Louis (Senegal), eine große, moderne Zündholzfabrik in Loanda mit einer jährlichen Leistungs-

1) Eine belg. Firma hat die Absicht, unter dem Namen „Soc. Textile Africaine" auf Grund der im Kongo gebauten Baumwolle diese in Leopoldville fabrikmäßig zu verspinnen und zu verweben (98, 1924, S. 71). Sie will auch selbst das Ginnen der Baumwolle vornehmen. Eine franz. Gesellschaft, die mehrere Ginnereien in Obervolta besitzt, will dort spinnen und weben lassen (28, 1926, Heft Mai). In Abessinien soll ebenfalls eine Textilindustrie entwickelt werden (113, Nr. 10, 1922). Im Nordterritorium der Goldküste sind drei engl. Webstühle für den Gebrauch der Eingeborenen aufgestellt worden, um Menschenkraft zu ersparen (99, 1920).

fähigkeit von 60 Millionen Schachteln (107, 1925) sowie eine moderne Knopffabrik in Keren in Erythräa (111), welche mit leistungsfähigen Maschinen die Nüsse der Hyphaene nodularia zu fertigen Knöpfen verarbeitet. Die Fabrik verbraucht jährlich 1000 t Nüsse und produziert täglich rund 1000 Gros für den Export nach Italien. 1920 waren hier 9 Weiße und 200 Eingeborene beschäftigt. Die Beschaffung von Brennmaterial zum Betrieb der Maschinen bereitet keine Schwierigkeiten, weil die reichlichen Abfälle dazu verwendet werden. Die Gesellschaft exportiert auch Nüsse in unverarbeitetem, nur aufbereitetem Zustand. Das Rohmaterial bezieht sie aus den reichen Hyphaene-Beständen im Barkatal.

Der Vollständigkeit halber wären auch noch eine Reihe anderer Anlagen zu erwähnen, die mehr oder minder industrielles Gepräge zeigen, wie Reparaturwerkstätten, besonders die der Eisenbahn, Flußschiffwerften, die Erzeugungszentralen von elektrischem Licht — heute ist jede größere Europäersiedlung im tropischen Afrika mit diesem Licht versehen —, Trinkwasserversorgungsanlagen u. dgl. m.

VII. Die bergbauliche Industrie.

Man könnte zweifeln, ob man den Bergbau wegen seiner okkupatorischen Natur in die Behandlung der Industrie mit hereinzieht. Es zeigt sich aber, daß sich der Bergbau bei der Gewinnung der mineralischen Rohstoffe auch im tropischen Afrika durchaus industrieller Methoden bedient, man kann sogar sagen, bedienen muß, da die beiden Haupthemmungen industrieller Entfaltung in unserm Gebiet, Arbeitermangel und geringe Verkehrserschlossenheit, ihm solche aufzwingen. Die weitere Bearbeitung der geförderten Erze durch Anreichern, Verhütten usw. sind zweifelsohne industrielle Funktionen.

Man findet in den afrikanischen Tropen bei der bergbaulichen Gewinnung die drei Stufen dieses Produktionsprozesses vor:

1. die bloße Förderung (Manganerz, Kohle),
2. die Anreicherung der Erze (Zinnerze),
3. die höchstmögliche Anreicherung, d. i. Verhüttung oder auch Elektrolyse (Blei- und Kupfererze).

Wie bei der landwirtschaftlichen kann man auch bei der bergbaulichen Industrie den weitern und den engern Standort unterscheiden.

Der weitere Standort ist rohstofforientiert. Während aber dieser Standort bei der landwirtschaftlichen Industrie rein geographisch bedingt ist durch das Vorkommen des vom Klima und edaphischen Faktoren abhängigen Anbaus, also noch heute wirksamer dynamischer

Faktoren, ist er bei der bergbaulichen Industrie von heute nicht mehr oder kaum noch wirksamen Faktoren, also statischer Art, die nur aus der Erdgeschichte erklärbar sind, abhängig. Das Vorkommen der Mineralien ist „zufällig".

In den Produktionsmethoden hängt die bergbauliche Industrie von dem an der betreffenden Erdstelle wirksamen geographischen Milieu ab. Es drückt der landwirtschaftlichen wie der bergbaulichen Industrie den gemeinsamen Stempel auf, wirkt also konvergierend.

Beim engern Standort sind der Bergbau und seine Industrien rein geographisch bedingt, wie durch das Vorkommen von Kraftquellen, Verkehrswegen usw. Der Standort wird beweglicher je nach den drei oben unterschiedenen Stufen bergbaulicher Industrie. Die Förderung ist selbstverständlich unmittelbar mit dem Vorkommen des Erzes verknüpft. Die Anreicherungsanlagen brauchen nicht unmittelbar an der Mine zu liegen, sondern können sich weiter von ihnen entfernen und zu einer Zentralanlage für mehrere räumlich getrennte Minen werden. Die Anreicherung wird natürlich aus verkehrsgeographischen Gründen bei fast allen Erzen im Land selbst vorgenommen. Aus denselben Gründen finden wir hier, im tropischen Afrika, auch die dritte Stufe entwickelt, Verhüttung und analoge Verfahren. Wir treffen sie nur in ungünstig gelegenen Minenzentren, wie in Katanga. Sie kann die Grenzen des weitern, also rohstofforientierten Standorts verlassen und wird dann in den Industrieländern der gemäßigten Zone vorgenommen (Zinn).

Bei der Ungunst der geographischen Verhältnisse erwartet man im tropischen Afrika mit Recht einen Bergbau, der in erster Linie nur die Gewinnung hochwertiger Mineralien verfolgt, wie Gold, Kupfer, Zinn. Ihr hoher Wert macht sie gegen ungünstige natürliche Bedingungen viel weniger empfindlich als solche, die ihren Wert erst durch die Masse erlangen. Eisen z. B. wird bisher im tropischen Afrika, abgesehen vom lokalen Bedarf der Eingeborenen, noch nicht gewonnen, obwohl das Land sehr reich an Eisenerzen ist. Nur in einem Fall wird ein weniger hochwertiges Mineral in nennenswertem Umfang gefördert, Manganerz an der Goldküste. Dieser Abbau erweist sich dadurch lohnend, daß, abgesehen von der Preissteigerung auf dem Weltmarkt infolge knapper Vorräte, das Erz hochprozentig ist, einen leichten Abbau gestattet und bis zur Küste nur einen kurzen Eisenbahntransport erfordert.

Die Kohle nimmt eine Sonderstellung ein. Obwohl ein Massengut, gewinnt sie dadurch wirtschaftlichen Wert, daß sie im Land selbst verbraucht wird.

1. Gold.

Das tropische Afrika hat zwei bedeutende Goldbergbaugebiete, die Goldküste und die Kongokolonie.

Goldküste. Diese ist vorerst das bedeutendere Produktionsgebiet. Die Gewinnung von Gold ist hier schon alt. Seit den 80er Jahren des vorigen Jahrhunderts ist sie von den Europäern durch Einführung maschineller Methoden systematisch in Angriff genommen worden (57, 1924, S. 95ff.). Man unterscheidet zwei Minenzentren, das im Süden der Kolonie, der eigentlichen Goldküste, und das in Aschanti.

Das erstere und bedeutendere zerfällt in die Minendistrikte Takwa (Abbau von Konglomerat[1]), Prestea (Quarzadern), Kayiankor (Quarzadern und Konglomerat[1]) und die Abbaudistrikte der Flüsse Offin, Ankobra und Prah (Alluvionen).

In Aschanti beschränkt sich die Goldgewinnung auf den Distrikt von Obuasi. Hauptsächlich werden hier Quarzadern abgebaut. Erst neuerdings hat man begonnen, im Oberlauf des Offin zu baggern.

Abbau und Aufbereitung sind neuzeitlich eingerichtet, da nur kapitalkräftige Gesellschaften Unternehmer sind. Der Abbau wird über und unter Tag betrieben. In Dampfpochwerken wird das aus anstehendem Fels gebrochene goldführende Gestein zertrümmert, in modernen hydraulischen Anlagen die gebaggerten Kiese ausgewaschen.

Beim hydraulischen Verfahren zeigt sich eine Abhängigkeit vom Klima, als dieser Prozeß nur möglich ist, wo genügend Wasser beschafft werden kann. Weiterhin muß zur Regenzeit mit ihren Überschwemmungen die Arbeit in und unmittelbar an den Flüssen unterbrochen werden. Diese Abhängigkeit finden wir bei allen Mineralien, die aus Alluvionen gewonnen werden (Gold, Zinn, Diamanten).

Das Gold wird aus dem Erz als Barrengold mit Spuren von Silber und Kupfer mit denselben industriellen Methoden gewonnen, die auch in andern Goldbergbaugebieten üblich sind.

Die Jahreserzeugung schwankte in der zweiten Hälfte des vorigen Jahrzehnts um 350000 Unzen = 10 t. Seitdem ist sie um etwa 20% zurückgegangen und hielt sich in den Jahren 1923/24 und 1924/25 auf rund 280000 Unzen = 8 t. Ein Viertel davon entfällt auf Aschanti. Seit 1903[2]) bis 1925 wurden in beiden Gebieten rund 160 t Gold gewonnen.

---

1) Es ist dies ein goldhaltiges Quarzkonglomerat, das in Sandstein eingeschaltet ist und zusammen mit Quarziten und Dolomiten vorkommt.

2) Beginn der Registrierung.

Zwei Gründe sind für den Rückgang der Erzeugung verantwortlich, die beginnende Erschöpfung in den Takwaminen und Änderungen im Gewinnungsverfahren, durch die zwar Kosten erspart, aber auch die Golderträge vermindert werden (99, 1922/23).

Die Arbeiterbeschaffung für die Minen wird durch die Scheu des Negers vor der Arbeit unter Tag erschwert. Dazu zieht er den weniger schwierigen und lohnenden Kakaoanbau vor, der ihm auch seine Unabhängigkeit gewährleistet. Landwirtschaft und Industrie stehen auch hier, wie wir es noch in verstärktem Maß im belgischen Kongo wiederfinden, in scharfem Gegensatz bei der Beschaffung der Menschenkraft. Die Minenindustrie muß auf die Wanderarbeiter zurückgreifen, die aus Aschanti, dem Nordterritorium und französisch Obervolta kommen.

Etwa 13—14000 eingeborene Arbeiter unter der Leitung von einigen hundert Weißen sind im Goldbergbau beschäftigt, davon 3000 in Aschanti.

Der Arbeitermangel macht sich im ganzen nicht so stark fühlbar wie in andern Bergbaugebieten, etwa im Kongo. Die Goldküste ist relativ dicht besiedelt und erhält ja auch, wie wir oben sahen, Arbeiterzustrom aus Nachbargebieten.

Verkehrsgeographisch sind die Golddistrikte gut erschlossen. Die Eisenbahn Sekondi—Kumassi verbindet das südliche Zentrum und Aschanti mit der Küste. Die einzelnen Minendistrikte verknüpfen Zweig- und Kleinbahnen mit der Hauptlinie. Aschanti hat seit 1924 durch Vollendung der Eisenbahn Akra—Kumassi eine neue Verbindung mit der Küste. Die Anlage einer Reihe von Straßen hat auch den Kraftwagen in den Dienst der Goldgewinnung treten lassen.

Daß die Gewinnung des Rohgoldes an Ort und Stelle vorgenommen wird, ist selbstverständlich. Kommen doch nur etwa 10 g Gold auf eine Tonne Erz!

Belgisch-Kongo. Die Goldfelder im belgischen Kongo[1]) liegen in der Nordwestecke der Kolonie. Zwei Minenzentren haben sich bisher entwickelt, das von Kilo etwa 70 km vom Westufer des Albertsees im Distrikt Ituri und das von Moto-Watsa etwa 150 km nordwestlich von Kilo im Distrikt Oberuelle.

Das Minenzentrum Kilo liegt in baumarmer Savanne in 1300—1400 m Meereshöhe. Es wird durchflossen von den Flüssen Schari und Nzi. Bis 1920 hatte man hier nur die goldführenden Kiese abgebaut und im hydraulischen Verfahren das Edelmetall gewonnen. Da aber der

1) Siehe Karte.

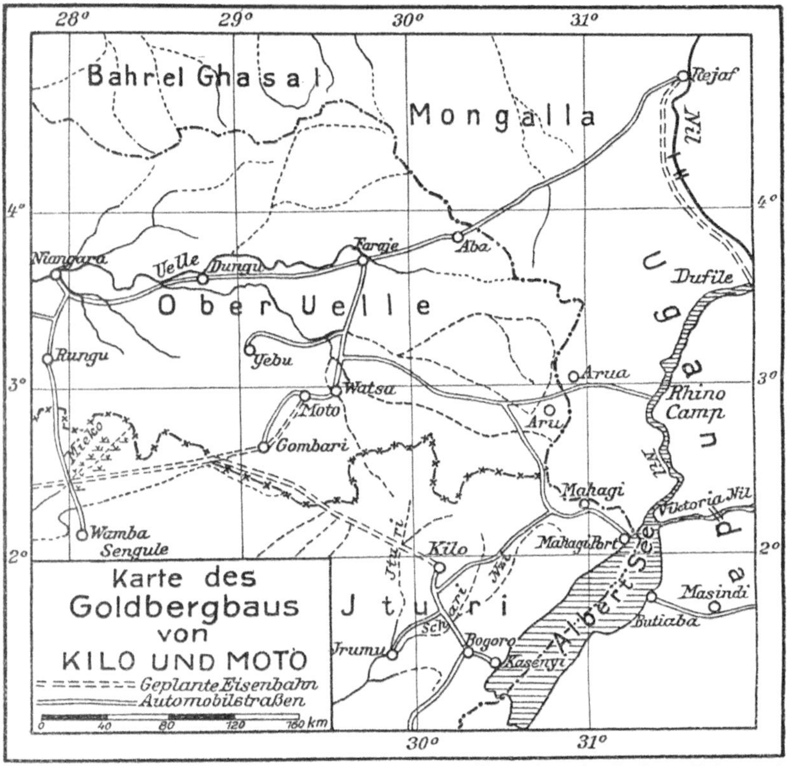

Nach „Annuaire du Congo Belge" (11).

mittlere Goldgehalt immer mehr abnahm, begann man auch das anstehende Gestein zu brechen. 1920 wurde die erste Quarzmühle aufgestellt, im Jahr darauf waren schon vier in Betrieb.

Die ursprüngliche Antriebskraft der Mühlen waren holzbefeuerte Lokomobilen. Da die Beschaffung des Brennmaterials in der baumarmen Savanne auf Schwierigkeiten stieß, auch keine Kohle vorhanden ist — eingeführtes Brennmaterial wäre bei der Abgelegenheit des Gebietes zu teuer —, baute man unter Ausnutzung eines 10 m hohen Wasserfalls ein Kraftwerk am Fluß Schari bei Soleniama. Diese hydroelektrische Anlage trat im Januar 1924 in Betrieb. Die Monatsproduktion an zerkleinertem Quarz steigerte sich damit um 100%. 1925 stellt man ein weiteres Pochwerk mit einer monatlichen Kapazität von 6000 t auf.

Im Minenzentrum von Moto, das in etwa 1000 m Meereshöhe am Rand des Urwalds in der Savanne liegt, wird das Gold vornehmlich aus Alluvionen gewonnen. Neuerdings ist ein kleines Quarzpochwerk aufgestellt worden zur Ausbeute der goldführenden Adern am Bach Owe. Die Gewinnung des Goldes aus den Alluvionen geschieht in einfachem hydraulischem Verfahren. Wasser ist genügend in den zahlreichen Wasserläufen vorhanden. Die Kiese werden zum Teil gebaggert. Die Minen sind mit eigner Reparaturwerkstätte, Schmiede und seit 1924 auch mit einem Holzsägewerk ausgestattet.

Die Goldproduktion begann in Kilo, und zwar mit 19 kg in 1905. Sie stieg seitdem unaufhaltsam:

	Kilo	Moto	Zusammen
1910	877 kg	— kg	877 kg
1915	1623 ,,	1000 ,,	2623 ,,
1923	1875 ,,	1271 ,,	3146 ,,
1924	2159 ,,	1435 ,,	3594 ,,

Von der Produktion in Kilo 1924 waren gewonnen:

aus den Pochwerken	249 kg Gold
,, ,, Kiesen	1910 ,, ,,
	2159 kg Gold

Die Arbeiterbeschaffung, die in der ersten Zeit des Goldbergbaues sehr viele Mühe verursachte, ist in den letzten Jahren wesentlich leichter geworden. Ausbau der Verkehrswege und mechanischen Transportmittel, die neu errichtete Kraftanlage, die das Holzfällen und den Trägertransport des Holzes beträchtlich verringerte, Gebrauch von Baggern, überhaupt technische Neuerungen haben große Arbeitermengen für die Goldgewinnung freigemacht.

Nicht zu unterschätzen sind die großen Mühen und Kosten für die Beschaffung der für die Arbeiter nötigen Nahrungsmittel, die den Arbeitermangel verschärfen. 1921 konnte man sogar von einer Nahrungsmittelkrise sprechen, die auch heute noch nicht ganz über wunden ist. Die Zahl der Hilfsarbeiter ist dadurch auf das Notwendigste beschränkt (98, 1924, S. 72).

Es waren 1924 schon 16400 reguläre und Hilfsarbeiter in den Goldminen zu ernähren (1920 = 8300), ferner die Frauen und Kinder. Den Hauptanteil der Lebensmittel liefern die Eingeborenen in den umliegenden Distrikten, dazu kommt der Anbau der Minenarbeiter, ihre Beute aus Jagd und Fischfang und neuerdings die Erträge von etwa zehn europäischen Farmen, besonders aus den 1800 m hoch gelegenen Teilen des Kilo-Distriktes, die sich wegen ihrer Fruchtbarkeit und des kühlen Klimas für europäische Ansiedlung mit Anbau und Viehzucht eignen.

Im Moto-Zentrum macht sich Arbeitermangel weniger fühlbar, da es zum volkreichern Uelle-Distrikt gehört.

Die Verkehrslage der beiden Minenzentren ist denkbar ungünstig, besonders die von Moto. Von letzterem führt eine 1924 fertiggestellte, 250 km lange Autostraße über Arua nach Rhinokamp am Nil. Von hier ist Dampferverbindung nach dem Hafen Butiaba am Ostufer des Albertsees. Kilo hat durch eine 78 km lange Autostraße über die Nil-Kongo-Wasserscheide hinweg Verbindung mit Kasenyi am Westufer des Albertsees, von da Dampferanschluß nach Butiaba. Von hier ist der Verkehrsweg für beide Minenzentren gemeinsam durch Uganda, über den Viktoriasee und die Ugandabahn nach Mombassa. Die Länge des Weges von Butiaba zur Küste beträgt 1700 km. Der Transport von den Minen zur Küste erfordert siebenmaliges Umladen, wird aber auf fünfmaliges heruntergedrückt, sobald die sog. Busoga-Bahn, ein Abzweiger der Ugandabahn nach Uganda, unter Umgehung des Viktoriasees fertig ist.

Moto hat noch eine andere Verbindung mit dem schiffbaren Nil durch die rund 400 km lange Autostraße über Faraje, Aba nach Rejaf. Von hier geht der Weg zum Teil zu Schiff, zum Teil mit der Eisenbahn nach Port Sudan (2900 km Länge!). Das war bis 1924 die einzige brauchbare Verbindung Motos mit dem Meer.

Eine Verbindung mit dem Kongo haben die beiden Minenzentren nicht, wohl aber sind sie neuerdings untereinander durch eine 350 km lange Autostraße verbunden. 1924 hatte die Minenregie[1]) schon über 40 Automobile in Dienst gestellt. Den Landverkehr vermitteln sonst Maultiere und Zugochsen, abgesehen von Trägern.

Ein kleineres Gold- und auch Diamantenvorkommen wird von der Forminière[2]) bei Sengule, 40 km südlich von Wamba im Ituri-Distrikt, ausgenützt, ein anderes bei Yambenda. Die Produktion beider belief sich 1924 auf 70 kg.

Ehemaliges Deutsch-Ostafrika. Drei weitere kleinere Goldvorkommen stehen im ehemaligen Deutsch-Ostafrika unter Abbau. Das erste, das in der Kilimafeza-Mine erschlossen ist, liegt im Muansadistrikt unweit des Ukerewe. Diese Mine ist neuerdings mit Maschinen ausgerüstet worden (26, 1925, S. 492ff.). Sie baut Quarzadern ab. Das zweite Goldvorkommen, ebenfalls in Quarzadern, wird von der Sekenke-Mine im Kironda-Tal ausgebeutet. Sie ist mit einem Dampfpochwerk und einer Goldschmelze versehen. Alluvialgold wird im Südwesten der Kolonie aus dem Lupafluß im Rungwe-Distrikt gewonnen. Die Gesamterzeugung der drei Minen betrug 1924 220 kg.

1) Die Goldfelder werden vom belgischen Staat selbst ausgebeutet.

2) Société internationale forestière et minière au Congo.

Sonstige Goldfelder. In Manikaland in Mosambik etwa 27 km von der rhodesischen Grenze an der Eisenbahn Beira—Salisbury liegt ein mit elektrisch betriebenen Maschinen ausgestattetes Goldminenzentrum. Aus Adern und Alluvionen wurden 1922 300 kg Gold erzeugt. Zwei weitere Goldvorkommen werden ausgebeutet am Falemefluß, einem Nebenfluß des Senegal (Alluvionen, Dampfbagger) und in der Gabait-Mine im britischen Sudan.

In geringem Umfang vorerst wird auch Gold gewonnen in Nigerien und Nordrhodesien.

2. Diamanten.

Belgisch-Kongo. — Angola. Ein reiches Diamantenvorkommen wird im Grenzgebiet des belgischen Kongo und Angolas an den Quellflüssen des Kassai, am Luebo und den Zuflüssen des Sankuru abgebaut. Die Diamanten sind alluvialer Natur. Die Kiese werden mit der Hand gegraben und gewaschen. In den letzten Jahren hat man auch Bagger und Maschinen zur rationellen Aufbereitung aufgestellt. Die Mächtigkeit der Lager schwankt zwischen 20 und 60 cm. Das Kubikmeter Erde enthält durchschnittlich 0,5—1 Karat.[1]) Die Kongodiamanten sind nicht so wertvoll wie die südafrikanischen, weil sie kleiner sind. Die Produktion der fünf diamantenschürfenden Gesellschaften stieg von 368000 Karat 1920 auf 909000 Karat 1925. Bei der Jugendlichkeit der Unternehmungen ist diese Produktionssteigerung beträchtlich. Vornehmlich ist sie auf vier Gründe zurückzuführen (32, 1925, Heft Jan.): Ausdehnung der Schürfarbeiten, Mechanisierung des Betriebes[2]), Anbau und Viehzucht zur Ernährung der Arbeiter sowie Anlage und Verbesserungen von Verkehrswegen.

Zur Ernährung der Arbeitermassen von über 20000 Eingeborenen hat man bis 1924 1100 ha mit Nahrungspflanzen bebaut, 250000 Ölpalmen gepflanzt und einen Viehbestand von 5000 Stück zusammengebracht. Besonderes Augenmerk hat man auch auf hygienische Maßnahmen bei den Arbeitern gerichtet.

Die Verbindung mit Leopoldville halten Flußdampfer auf dem schiffbaren Kassai und seinen Nebenflüssen aufrecht. Die unbefahrbare Flußstrecke zwischen Charleville und Makumbi umgeht eine 100 km lange Eisenbahn. Die Minen verfügen über Feldbahnen und über 1000 km Automobilwege. Den übrigen Verkehr vermitteln Ochsenwagen und Träger. Die verkehrsgeographisch ungünstiger ge-

1) 1 Karat = ungefähr 0,2 g.

2) Das Gewinnungsverfahren war im Jahr 1924 von 31 Abbaustellen auf belgischer Seite schon bei 15 mechanisch (98, S. 38).

legenen Abbauzentren am oberen Sankuru werden jetzt durch die im Bau befindliche Eisenbahn Bukama—Ilebo am Kassai erschlossen.

Goldküste. Auch hier werden neuerdings Diamanten gegraben. Sie sind klein und fast nur zum Glasschneiden verwendbar (99, 1924/25). Die Produktion belief sich 1924/25 auf 61000 Karat.

Ehemaliges Deutsch-Ostafrika. Ein Diamantenvorkommen (Kimberlit) wird seit 1925 bei Makubi im Distrikt Muansa ausgebeutet (4, 17. 7. 1926). Es ist dies das nördlichste bisher in Afrika bekannte Kimberlitvorkommen. 400 Karat wurden 1925 gewonnen.

3. Zinn.

Das tropische Afrika weist zwei Zinngebiete auf, das eine in Nordnigerien, das andere im Kongo. In Nigerien ist der Zinnbergbau in größerem Umfang entwickelt, im Kongo steht er erst im Anfangsstadium.

Nigerien. Die Hauptzinngebiete liegen in Nigerien im westlichen Teil der Bautschiprovinz in den Distrikten Naraguta, Jos und Bukuru[1]) auf einem mit baumarmer Steppe bedeckten granitischen Plateau. In kleinem Umfang wurde Zinn von den Eingeborenen schon seit langem gewonnen und verarbeitet. Die Ausbeute durch Europäer setzte erst nach 1900 ein. Abgebaut werden bisher nur Seifen mit einem durchschnittlichen Ertrag von 70 kg vom Acre. Verhüttet wird das Erz nicht, sondern nur hydraulisch angereichert. Die ausgeführten Konzentrate enthalten durchschnittlich 65% Zinn. Die Einführung moderner maschineller Methoden begann in den letzten Jahren, und das Bestreben, die Betriebe maschinell auszugestatten, nimmt weiter zu (99, 1924). Die Einführung solcher Methoden hat es drei Zinngesellschaften ermöglicht, ihre Erzeugung je auf über 100 tons im Monat zu bringen. Ein neuer Dampfbagger trat in Tätigkeit. Eine Reihe Gesellschaften bedient sich aber auch heute noch des einfachen Grab- und Waschverfahrens, da man an Menschenkraft nicht zu sparen braucht, die reichlich aus den dichtbevölkerten Distrikten Nordnigeriens zusammenströmt. 1925 beschäftigten 58 Gesellschafts- und 49 Einzelunternehmungen 232 Europäer und 23400 Eingeborene. Die Produktion stieg von 6100 tons 1914 auf 8560 tons 1925.

Seit 1925 hat man die Wasserkraft in den Dienst der Minenindustrie gestellt. Eine hydroelektrische Kraftanlage nützt jetzt die Kwalle-Fälle aus. Die Möglichkeit zur Nutzbarmachung der Energie des Wassers ist besonders wegen des starken Gefälles auf dem Bautschi-

1) Siehe Karte S. 6.

Plateau gegeben, wodurch der Holz- und Kohlenmangel an Ort und Stelle kompensiert werden kann.

Beim Abbau ergibt sich ähnlich wie bei den Gold- und Diamantenseifen eine Abhängigkeit vom Klima. Bei der starken Wasserführung der Flüsse zur Regenzeit sind die Seifen häufig nicht zugänglich, so daß der Betrieb unterbrochen werden muß.

Vor dem Ausbau der nordnigerischen Eisenbahn brachten Träger das Zinnerz zum Benue. Heute erschließt die Eisenbahn das Minengebiet. Von der Hauptbahn Lagos—Kano zweigt bei Zaria eine 230 km lange Schmalspurbahn über Naraguta nach Bukuru ab. Vorteil wird der Zinnbergbau aus der jetzt vollendeten Eisenbahn Udi—Kaduna (an der nigerischen Westbahn) ziehen, die seine Dampfmaschinen mit Udikohle versorgen kann und vielleicht eine Verhüttung der Erze an Ort und Stelle ermöglichen wird. Diese Eisenbahnverbindung soll durch eine direkte, etwa 80 km lange Verbindung der nigerischen Ostbahn mit Jos noch weiter abgekürzt werden (99, 1925).

Belgisch-Kongo. Zinnerz kommt in den Flußschottern von Lualaba und Luvua und ihren Nebenflüssen in Katanga vor. An drei verschiedenen Stellen sind sie bisher erschlossen, von der Géomines[1]) auf dem linken Ufer des Luvua und im Distrikt des Kisale-Sees sowie von der Union Minière du Haut Katanga am Lualaba.[2])

Die drei Minen der Géomines am Luvua, Manono, Kitotole und Kapongolo förderten 1924 380 t Kassiterit. Sie sind jetzt mit hydraulischen Aufbereitungsanlagen versehen, so daß auch die Erze mit geringerem Zinngehalt verwertet werden können. Die Entwicklung der Minen ist durch Arbeitermangel gehemmt, der hier besonders stark ist, dann auch durch die sehr ungünstige Verkehrslage. Besser liegen die Zinnminen im Kisale-Distrikt, Kulu, Bunda und Mwanza. Sie sind ebenfalls mit mechanischer Aufbereitungsanlage versehen, aber noch wenig ausgestaltet. 1924 lieferten sie 160 t Konzentrate. Das Erz aus den beiden Zentren der Géomines wird auf dem Lualaba abtransportiert.

Das dritte und bisher am besten erschlossene Zinnfeld ist das der Union Minière du Haut Katanga mit den Minen Busanga und Kayumbo. Eine moderne Konzentrationsanlage lieferte 1924: 690 t (1925: 850) 70%iges Kassiterit. Kraftwagen befördern die Konzentrate 70 km weit zur Katangabahn. Tätig sind einige hundert eingeborene Arbeiter.

Leistungsfähige Verkehrswege und ergiebige Arbeiterversorgung werden den Zinnbergbau im belgischen Kongo zu großer Blüte bringen.

---

1) Compagnie géologique et minière des ingenieurs et industriels belges.

2) Siehe Karte S. 110.

4. Uranium (Radium), Kobalt.

Hierüber siehe unten S. 115.

5. Kupfer.

Katanga. Der Erzreichtum Katangas an Gold, Kupfer, Zinn und Eisen war den Eingeborenen Mittelafrikas schon lange bekannt, ehe Kunde davon nach Europa drang. Die Eingeborenen haben schon seit Jahrhunderten in Katanga nach Erzen gegraben und sie zu Schmucksachen verarbeitet. Noch heute zeugen zahlreiche halb zerfallene und wieder mit Pflanzenwuchs bedeckte Gruben — Vertiefungen von 30—50 m Durchmesser und 7—8 m Tiefe — und Reste einfacher Hochöfen von ihrer intensiven bergbaulichen Tätigkeit.[1])

Katangas wirtschaftliche Bedeutung wurde der Welt genauer bekannt durch die Erschließungstätigkeit zweier Gesellschaften in den 90er Jahren des vorigen Jahrhunderts, der Compagnie du Congo pour le Commerce et l'Industrie und der Compagnie du Katanga, und darauf folgende eingehende geologische Untersuchungen. Aus der Compagnie du Katanga und dem unabhängigen Kongostaat bildete sich 1900 ein neuer Organismus zur Erschließung Katangas, das „Comité Spécial du Katanga", der weite Bergbaukonzessionen der Tanganjika Concessions Ltd. übertrug. Den Abbau der Kupfererze und ihre Verhüttung im Lande selbst nahm die Union Minière du Haut Katanga, eine Tochtergesellschaft der letzteren, in die Hand. Schon 1911 brachte sie 1000 t Rohkupfer auf den Markt. Seitdem hat sich das Unternehmen so entwickelt, daß es 1925 mit einer Erzeugung von 90000 t eine fast hundertfache Erhöhung gegenüber dem Anfangsjahr erzielte. Heute kann man von einer Kupferschwerindustrie im Herzen des „dunklen" Erdteils reden. Büttgenbach (115) bezeichnet Katanga geradezu als eines der wichtigsten Industrie- und Urerzeugungsländer der Zukunft und der ganzen Erde.

Katanga zerfällt in ein in durchschnittlich 1300 m Seehöhe gelegenes südliches Plateau, Hochkatanga, etwa zwischen 10 und 13^0 südlicher Breite, das die Wasserscheide zwischen Kongo und Sambesi bildet, und in einen unter 1000 m Meereshöhe liegenden nördlichen Teil, Niederkatanga. Dieser gehört schon zur äquatorialen Tropenzone mit immerfeuchtem Klima und echt tropischem Regenwald; Oberkatanga dagegen stellt einen hochgelegenen Teil des die Hylea umsäumenden periodisch-feuchten Gürtels dar, hier mit ausgeprägter 6—7 monatiger Trockenzeit. Der Kupferbergbau liegt in diesem Gebiet.

---

1) De Hemptinne, Les „Mangeurs de cuivre" du Katanga (32, 1926, Nr. 3).

Oberkatanga ist fast in seiner Gesamtheit von einem lichten, unterholzfreien, einförmigen Wald bekleidet mit unansehnlichen und niedrigen Bäumen, eine Vegetationsform, die nach Guillemain[1]) die Bezeichnung tropischer „Krüppel-Trockenwald" verdient. Unterbrochen ist er vielfach von breiten und flachen, mit üppigem Gras bedeckten Bodensenken, den sog. Dembos, und bedeckt von den zahlreichen charakteristischen Termitenhügeln. Belebt wird das einförmige Bild von vielen tief eingeschnittenen Flüssen und Bächen mit ihren dichten und üppigen Galeriewäldern, die sich bis an den obern Talrand hinaufziehen.

Aus dieser Landschaft erheben sich einzelne Quarzitsandsteinplateaus zu größeren Höhen, wie das von Manika und Kundelungu, die mit weiten Grasfluren überzogen sind, deren Einförmigkeit von schmalen Bändern und Tupfen der Galeriewälder an den Bachrissen und Quelltrichtern belebt wird.

Das Kupfervorkommen hat eine Ausdehnung von ungefähr 300 km Länge und 50 km Breite. Es beschränkt sich im wesentlichen auf das sog. aus silurischem Gestein bestehende Transvaal-System.[2]) Wie Bohrungen festgestellt haben, setzen sich die Erzgänge und imprägnierten Zonen nach unten in etwa 40—50 m Tiefe fort, nach oben bilden sie vielfach infolge größerer Widerstandsfähigkeit gegen die Verwitterung Hügel von 50—100 m Höhe. Das Kupfer tritt in den verschiedensten Mineralformen auf. Karbonate und Oxyde herrschen vor. Der Gehalt der Erze an reinem Metall schwankt zwischen 6 und 25%, im Durchschnitt ist er 7—10%. Um die Reichhaltigkeit der Katangaerze zu beweisen, seien zum Vergleich folgende Zahlen anderer bedeutender Kupfervorkommen angegeben:

Otavi	mit	13 —14%	durchschnittlichem	Gehalt
Utah	,,	2%	,,	,,
Mansfeld	,,	1,5— 3%	,,	,,
Rio Tinto	,,	3%	,,	,,
Chuquicamata (Nordchile) . .	,,	1,5— 2%	,,	,,

Die zur Verhüttung notwendigen Mineralien Kalk und Eisen finden sich in Katanga in reicher Fülle. Kalk und Dolomit werden bei Likasi und Étoile du Congo gebrochen, Eisen bei Kasumbaleza.

Kohle der Karruformation ist in der Nähe des Kupferdistrikts erst in jüngster Zeit etwa 30 km südlich von Bukama aufgedeckt worden.

1) Guillemain G., Über Vegetationsformen in Katanga. Geogr. Zeitschr. 1914.
2) Studt F. E., Notes on the Geology of Katanga and Copper Belt. Trans. Geol. Soc. South Africa Vol. 12, 1909, p. 159.
Studt F. E., Geology of Katanga and Nothern Rhodesia. Trans. Geol. Soc. South Africa Vol. 16, 1913, p. 44.

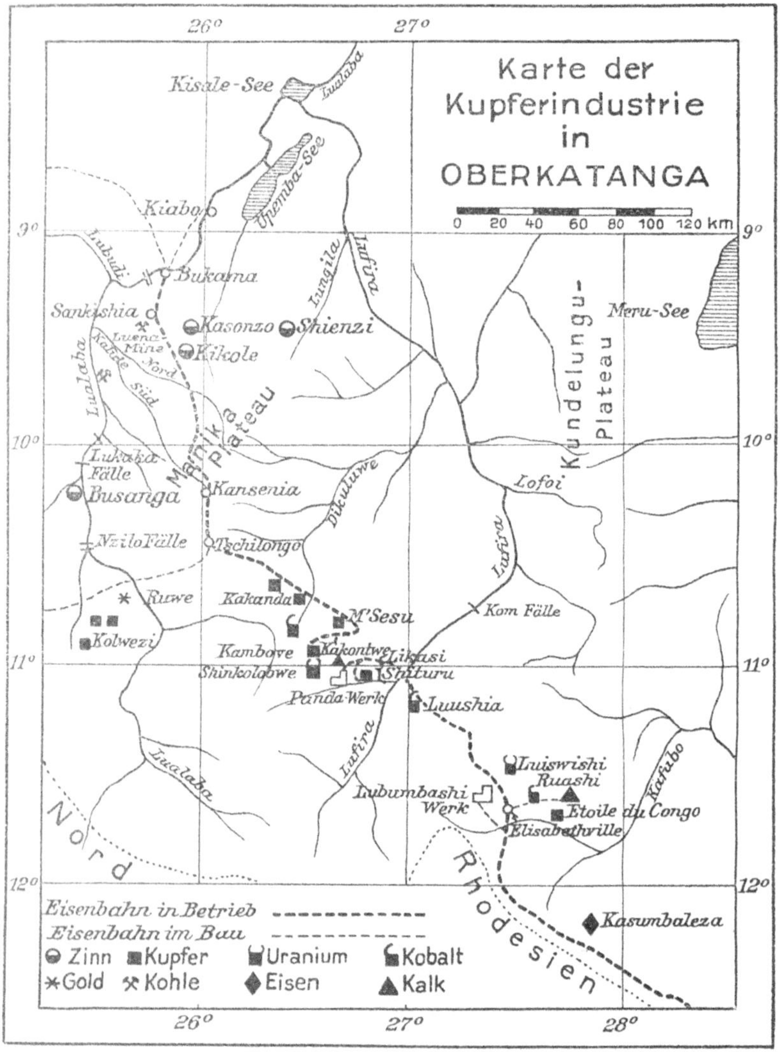

Nach „The African World", Nr. 975, 1921.

Dieses Lager ist von der Luena Colliery Co., an der die Union Minière beteiligt ist, in der Luena-Mine erschlossen worden. Es wird auf 15 Millionen t berechnet und gehört dem Kohlenfeld des obern Lualaba an, das nach Frech (50) auf 900 Millionen t geschätzt wird. In den letzten Jahren hat man durch Bohrungen im südlichen Teil des Luenabeckens weitere ausgedehnte Kohlenlager festgestellt.

Die Flöze schwanken zwischen 1 und 5 m Mächtigkeit. Eine Durchschnittsanalyse zeigt folgende Werte (26, 1922, S. 376):

feste Kohle	46—50%
flüchtige Bestandteile . .	34%
Asche	16—20%
Kalorien	5500—6000.

Die Förderung setzte 1922 mit 29500 t ein und stieg 1924 auf 82000 t, fiel allerdings infolge technischer Schwierigkeiten auf 56000 t im Jahr darauf. Die Grube ist mit Förderanlage, Sortiervorrichtung und elektrischer Kraftzentrale versehen. Abgebaut wird über und unter Tag. Beschäftigt sind einige 600 Arbeiter. Die Grube liegt günstig in unmittelbarer Nähe der Katangabahn.

Die Luena-Kohle hat für die Kupferindustrie nicht die erwartete Bedeutung, da sie nicht verkokbar ist.[1]) Sie kommt also für den Verhüttungsprozeß als Koks nicht in Frage, so daß die Industrie auf die aus Südrhodesien eingeführte Wankie-Kohle angewiesen bleibt. Mit Wankie-Kohle zusammen soll sie allerdings verkokbar sein (26, 1922, S. 376). Vorerst wird sie hauptsächlich zur Kraftgewinnung verbraucht. Die Hauptverbraucher sind die Union Minière für ihre Fabrikanlagen, die beiden Zementwerke in Katanga[2]) und die Katangabahn. Da die Luena-Kohle nur einen Eisenbahntransport von 423 km bis Elisabethville und einen solchen von 278 km bis zum Pandawerk benötigt im Vergleich zur Wankie-Kohle, die aus Südrhodesien 1200 km mit der Bahn befördert wird, stellt sie immerhin eine wertvolle Ergänzung des Kohlenverbrauchs dar. Dies ist besonders deswegen der Fall, weil das Holz des für Kantaga charakteristischen niederen Buschwaldes wirtschaftlich kaum brauchbar ist[3]) und eine rentable Verhüttung des Kupfers mit Holzkohle ausschließt. Auch als geeignetes Brennholz kommt es nur in geringem Maß in Frage.

Die Luena-Kohle ist auch imstande, die Entwicklung anderer Industrien, die im Anschluß an die Kupfergewinnung entstehen, zu fördern, wie es schon bei der Zementindustrie der Fall ist.

Die Kupfererze werden über und unter Tage, zumeist über Tage unter Anwendung der modernen Hilfsmittel der Technik abgebaut. Etwa 14 Dampfbagger mit je 2 cbm Fassungskraft sowie sonstige menschenkraftsparende Maschinen sind in Tätigkeit. Beim Tagebau verursacht die tiefgründige Verwitterungsdecke einen großen Abraum.

Wie im Kupfergehalt der Erze hat der Bergbau in Katanga auch in

1) Bericht über die Generalversammlung der Union Minière vom 22. 12. 1921.

2) Siehe unten S. 115.

3) Guillemain G., Über Vegetationsformen in Katanga, Geogr. Zeitschr. 1914.

der Förderung der Erze große Vorteile vor andern Kupfergebieten der Erde voraus. Während z. B. in den Vereinigten Staaten von Amerika das Erz aus großen Tiefen — bis zu 1500 m — herausgeschafft werden muß, liegt die Hauptmasse des bisher bekannten Erzes im Kongo bis zu höchstens 40 m Tiefe, also fast zu Tage.

Bis heute wird in drei Hauptabbauzentren gefördert. Das erste und ursprüngliche sind die Minen Étoile du Congo (Star) und Ruashi, das zweite die Minen von Kambove und Kalabi, das dritte die Minen von Likasi und Chituri. Die Erzförderung dieser drei Zentren betrug 1925 1390000 t, davon das erste 567000 t, das zweite 543000 t, das dritte 280000 t. An Schmelzerzen lieferten 1925:

Kakontwe	204000 t	Kalkstein bzw. Dolomit
Kasumbaleza	87000 t	Eisenerz
	291000 t.	

Die einzelnen Minen stehen durch Schmalspurbahnen mit der Hauptlinie in Verbindung und sind mit elektrischer Kraft und elektrischem Licht versehen.

Die Verarbeitung der Erze, Aufbereitung, Verhüttung und Elektrolyse, wird in Katanga selbst vorgenommen. Diese Industrie steht bis jetzt im tropischen Afrika einzigartig da. Die andern Minenindustrien in den afrikanischen Tropen mit Ausnahme des Blei- und Zinkbergbaus von Broken Hill, abgesehen auch von kleinen Kupferschmelzen in Nordrhodesien, führen ihre Erze entweder ohne weitere Verarbeitung aus oder unterziehen sie nur einem einfachen Aufbereitungsverfahren. Auch die südwestafrikanischen Kupferminen von Otavi exportieren fast nur Erze, ihre kleine Hüttenanlage spielt nur eine geringe Rolle.

Um unnötigen Transport zu vermeiden und die Erzeugung im Hochofen ergiebig zu gestalten, werden die Erze vorher aufbereitet und angereichert. Eine Wasch- und Siebanlage reichert Erze in der Star-Mine an. Eine zweite Waschanlage ist in Likasi. Es behandelten 1925:

die Star-Anlage	124000 t	Star- und Ruashi-Erze und erzielten hieraus
	40000 t	Konzentrate zur Verhüttung mit 24,21% Cu,
	19000 t	Konzentrate zur weitern Anreicherung im Panda-Werk,
die Likasi-Anlage	74000 t	Likasi- und Chituri-Erze und erzielten hieraus
	28000 t	Konzentrate zur Verhüttung mit 20,85% Cu,
	34000 t	Konzentrate zur weitern Anreicherung im Panda-Werk.

Eine Brikettieranlage für Erze befindet sich in Luushia. Von der großen Konzentrationsanlage in Panda und der Sinteranlage ist weiter unten die Rede.

Die in den drei Abbauzentren geförderten und angereicherten Erze werden mit der Bahn zum Hüttenwerk Lubumbashi bei Elisabethville transportiert. Auch die im Panda-Werk[1]) aufbereiteten Erze werden hier geschmolzen. Die Hütte ist durch eine Nebenlinie mit der Haupteisenbahnstrecke Elisabethville—Bukama, dem Endstück der großen von Rhodesien her zum Kongo vorgestreckten Bahn, verbunden. Acht Wassermantelhochöfen mit einer Leistungsfähigkeit von über 100000 t sind in Betrieb und brachten 1925 an Barrenkupfer 81000 t aus. Hierzu benötigten sie an

Kupfererzkonzentraten	429000 t[2])
Koks	129000 t
Kalkstein	172000 t
Eisenerz.	91000 t.

Um sich von den Wankie-Kokereien möglichst unabhängig zu machen, hatte die Union Minière schon 1914 zwei Koksbatterien mit je 22 Öfen gebaut und die Verkokung eines Teils der Wankie-Kohlen, die einen hohen Prozentsatz in der Einfuhr des belgischen Kongo ausmachen, selbst in die Hand genommen. Sie besitzt in Lubumbashi auch eine Anlage zur Herstellung von pulverisierter Kohle.

Zur Erweiterung der Kupfererzeugung ist ein Flammofen gebaut worden. 1925 schmolz er aus 32000 t Konzentraten 7000 t Kupfer aus.

Um Erze anzureichern, ist eine Sinteranlage errichtet worden, die sog. sintering ovens, die den Schmelzöfen 1925 46000 Sinter lieferte.

Die Union Minière hat mit dem Lubumbashi-Werk mitten in einer unberührten und nur notdürftig erschlossenen Landschaft eine Anlage der Schwerindustrie geschaffen. Den Gegensatz moderner Zivilisation und ursprünglicher Wildheit auf diesem Erdfleck schildert De Bauw[3]) anschaulich:

„Der Anblick, den das Schmelzwerk bietet, besonders abends, ist in der Tat großartig. Mit den Flammen und Funken aus den Hochöfen vereinigt sich das Licht von Tausenden elektrischer Lampen, welche die Arbeitsplätze erhellen. In der Stille der tropischen Nacht ruft das Geräusch der winzigen Lokomotiven mit ihrer Koks- oder Erzlast, das monotone Knirschen der Förderbahnen, die den unauf-

---

1) Siehe S. 114.

2) Hieraus ergibt sich also ein Koksverbrauch von 1,6 t pro Tonne Barrenkupfer (96—97%). Das ist gegenüber dem Koksverbrauch in früheren Jahren eine bedeutende Ersparnis, eine Folge der Anreicherung, die erst in den letzten Jahren im größeren Umfang vorgenommen wurde. Um aus 100 t Erz das Metall zu gewinnen, sind 30 t Koks und 60 t Kalkstein und Eisenerz erforderlich.

3) De Bauw, Generaldirektor in Afrika vom Comité Spécial: Le Katanga. Notes sur le pays, ses ressources et l'avenir de la Colonisation belge (17).

hörlichen Strom der kleinen Wagen zu den beim Blasen der Ventilatoren schnaubenden Hochöfen emportragen, das regelmäßige Auspuffen der Pumpen und der großen Kessel den Gedanken an die Tätigkeit unserer Industriellen im Geist des Besuchers wach. Wenn ein ruhiger Augenblick ihm gestattet, den aus benachbartem Feld herübertönenden Tanzgesängen der Schwarzen zu lauschen, kommt es ihm plötzlich zum Bewußtsein, daß er sich im Innern Afrikas befindet und vielleicht in diesem Augenblick nicht weit von ihm der Löwe den Wald mit seinem fürchterlichen Brüllen erzittern läßt."

Ein zweites industrielles Zentrum hat die Union Minière bei Kambove, unweit der Katangabahn, an die es durch eine Nebenlinie angeschlossen ist, geschaffen, das Panda-Werk. Es bedeckt einen Flächenraum von 20 ha und verfügt über 18 km Schienenweg. 400 Waggons laufen täglich hier ein und aus.

Die Hauptfabrikanlage ist der seit 1921 in Betrieb gesetzte Panda-Konzentrator, eine mechanische Aufbereitungsanlage, die mit einer möglichen Tagesverarbeitung von 3600—4000 t 5—6%igen Erzes etwa 6—700 t auf über 20% Cu angereichertes Erz herstellen kann. 1925 wandelte sie 1200000 t Erz in 209000 t Konzentrate mit 24% Kupfer um.

Eine zweite Anreicherungsanlage, die sog. flotation plant, die sich allerdings noch im Versuchsstadium befindet, reichert auf nassem Weg mit Hilfe von Palmöl die Abfälle aus dem Panda-Konzentrator und gewisse Erze mit niedrigem und mittlerem Gehalt an; 1925 89000 t solcher Erze auf 15000 t Konzentrate mit 25% Kupfer. Da sich diese Methode bewährt hat, soll eine größere derartige Anlage geschaffen werden.

Im Panda-Werk wird heute schon, wenn auch vorerst noch in Versuchsanlagen, Kupfer auf elektrothermischem und elektrochemischem Weg gewonnen. Die Kraft liefert eine auf Kohle und Holz begründete elektrische Kraftstation von 10000 Kw, die jetzt auf 30000 Kw gebracht werden soll. In einer elektrischen Ofenanlage wurden 1925 290 t Barrenkupfer erzeugt. Die elektrolytische Anlage ergänzte die Kupferproduktion um 1360 t, die aus 15000 t Erz gewonnen wurden. Im Bau befindet sich eine weitere elektrolytische Anlage von jährlich 30000 t, die 1928 fertig werden soll, und eine Flammofenanlage von 30—40000 t jährlichem Kupferertrag, die 1927 vollendet wird.

Wasserkraft ist bisher noch nicht genützt. Um aber die Energie für die im Bau befindliche elektrolytische Anlage zu gewinnen, ist 1925 die Société Générale des Forces Hydroélectriques du Katanga gegründet worden, die zunächst die Aufgabe hat, die Lufirafälle der Kupferindustrie dienstbar zu machen. 50000 t elektrolytisches Kupfer können allein mit Hilfe dieser Wasserfälle erzeugt werden.

Seit 1924 stellt die Union Minière in Panda in drei elektrischen Schmelzöfen Kobalt in einer Legierung von Kupfer, Kobalt und Eisen her. Raffiniert wird es in Oolen in Belgien. 1925 wurden 684 t Kobaltlegierung produziert (1924: 976 t).

Das Panda-Werk ist mit einer Reihe industrieller und sonstiger Hilfsanlagen ausgestattet, wie hydraulische Anlage, Reparaturwerkstätten, Laboratorien, eine große Eisfabrik mit einer Leistungsfähigkeit von 500 kg Eis pro Tag, je eine Siedlung und ein Hospital für Weiße und Eingeborene. Geplant ist eine Anlage zur Herstellung von Staubkohle, feuerfesten und sonstigen Ziegeln u. dgl. m.

Das Panda-Werk wird sich zu einem bedeutenden Industriezentrum im tropischen Afrika entwickeln.

Gesamtkupferproduktion[1]) in abgerundeten Zahlen:

1911	990 t	1916	22200 t	1921	30500 t
1912	2500 t	1917	27500 t	1922	43400 t
1913	7400 t	1918	20200 t	1923	57900 t
1914	10700 t	1919	23000 t	1924	85600 t
1915	14000 t	1920	19000 t	1925	90100 t.

In Chinkolobwe bei Kambove hat die Union Minière eine Uraniummine. Das Erz wird unverarbeitet nach Europa verschickt (1924 331 t, im Jahr vorher 547 t). Die Fabrikanlagen in Oolen in Belgien erzeugten hieraus 1923 monatlich etwa 4 g Radium; 1925 versorgten sie den Weltmarkt mit 22 g Radium, d. i. 90% der Weltnachfrage.

Die Zahl der in dem Unternehmen der Union Minière beschäftigten Europäer stieg von 800 Ende 1920 auf 1500 Ende 1925, die der Eingeborenen im gleichen Zeitraum von 12000 auf 14000. In letzterer Zahl sind 5180 rhodesische Wanderarbeiter und 5780 andere Schwarze enthalten, die sich in der Nachbarschaft der Industrie angesiedelt haben.

Im Anschluß an die Kupfergewinnung haben sich eine Reihe Hilfsindustrien entwickelt. Gestützt auf Luenakohle und reichliche Kalkvorkommen arbeiten heute in Katanga schon zwei Zementwerke, das in Lubudi (Station 600 km der Katangabahn) und das von Mulungwishi (20 km nördlich von Kambove). Eine hydroelektrische Anlage am Fluß Kalule-Sud steht im Dienst der Zementindustrie. Die Fabrik in Lubudi liefert sogar nach Nordrhodesien. Ihre monatliche Produktion ist 1924 auf 1200 t gestiegen. Feuerfeste Steine werden in Kakontwe gemacht. Besonders die Bauindustrie hat sich stark

1) Das in Katanga verhüttete Kupfer ist Rohkupfer (Schwarzkupfer) mit etwa 97% Kupfer. Raffiniert wird es in Europa, wo noch wertvolle Nebenprodukte, wie Kobalt, gewonnen werden.

entfaltet. Die Zahl der Ziegeleien, Kalköfen, Holzsägewerke zur Nutzbarmachung des heimischen Waldes nimmt dauernd zu (98, 1924, S. 86). Holz von besserer Qualität wird allerdings aus dem Urwaldgebiet der Kolonie eingeführt, so aus den Forsten von Maniema.

Die Industrien, die an die Siedlungen der Weißen anknüpfen und mehr lokale Bedeutung haben, sind schon relativ gut entwickelt, wie mechanische Mehlmühlen, Getränke- und Eisfabriken. Allein Elisabethville hat schon drei Limonaden- und eine Eisfabrik. Die Seifenindustrie ist hier vertreten durch drei Fabriken. Je eine Seifenfabrik existiert in Likasi und in Kamatanda (6 km nordwestlich Likasi). Diese Seifenfabrikation ist auf Palmöl begründet. Elisabethville hat auch eine Möbelfabrik.

Die Hauptsiedlungen der Weißen verdanken sämtlich ihren Ursprung und ihre Entwicklung der Kupferindustrie. Sie sind von Süd nach Nord: Sakania (km 13 der Katangabahn), Elisabethville (km 255), Likasi-Panda (km 399), Sankishia-Luena (km 678) und Bukama (km 713). Der wichtigste Platz ist Elisabethville, Hauptort der Provinz Katanga, Sitz der technischen Leitung der Union Minière, Zentralplatz des geselligen Lebens der Weißen in wirtschaftlicher, kultureller und gesellschaftlicher Beziehung. Hier lebte am 1. Januar 1925 eine fluktuierende und seßhafte weiße Bevölkerung von rund 2500, d. i. die Hälfte der weißen Bevölkerung der gesamten Provinz Katanga um diese Zeit.

Elisabethville, das vor etwa 15 Jahren gegründet wurde, und damals nur aus dem Regierungsgebäude und einigen elenden Negerhütten bestand, ist heute eine der modernsten Städte im tropischen Afrika. Die Zeichen wachsenden Wohlstandes sind ihr aufgeprägt: Breite, schöne Straßen, komfortable Häuser, Hotels, Banken, eine Reihe lokaler Industrien, Druckereien, eigene Zeitungen, elektrische Beleuchtung, Funkstation usw. Zahlreiche Kraftwagen durchfahren die Stadt und verbinden sie mit den Anlagen der Kupferindustrie.[1])

E. Zimmermann (37, 1910, Nr. 34) charakterisiert Katanga[2]) folgendermaßen: „Vorwiegend ist Katanga öde Buschsteppe, nur wenig bewohnt. Doch ist es von vielen (nicht schiffbaren) Flußläufen durchschnitten, die zur Regenzeit reichlich Wasser führen. Das Klima ist

---

1) Am 31. Dezember 1925 entfielen von 350 Personen- und Lastkraftwagen im Distrikt Haut Luapula allein auf Elisabethville 311, von 215 Motorrädern 169.

2) Wenn im folgenden von Katanga die Rede ist, so ist der hoch gelegene Teil im Süden, Oberkatanga, — das eigentliche Industriegebiet — gemeint.

gesund." Im allgemeinen kann man sagen, daß Katanga klimatisch begünstigt ist (17). Der Europäer muß natürlich die Vorsicht anwenden, die überall in den Tropen geboten ist. Die gefährlichste Krankheit ist Malaria. Sie findet sich aber in den Tropen ebenso wie in subtropischen, von Weißen besiedelten Ländern, und man kann sich verhältnismäßig leicht vor ihr schützen. Die Schlafkrankheit hat man durch energischen Kampf gegen die Glossina palpalis zum Verschwinden gebracht — natürlich nur in Oberkatanga —, die dem Vieh verderbliche durch die Glossina morsitans verursachte Trypanosomiasis ist, wie weiter unten ausgeführt, allerdings noch vorhanden.

Die Trockenzeit mit gelegentlichen leichten Frösten auf den höheren Plateaus dauert 6—7 Monate, also lange genug, um den Europäer vor dem entnervenden Einfluß der feuchtwarmen Regenzeit zu bewahren. Diese währt in Elisabethville (unter 11,7° s. Br. und 1222 m Meereshöhe) von November bis März — das sind die Monate mit je über 100 mm Niederschlag — und bedingt hier eine jährliche Regenmenge von rund 1200 mm.

Die Tatsache, daß das Klima Katangas gesund ist und sich dem einer Siedlungskolonie nähert, ist für die Industrie in diesem Gebiet sehr bedeutsam. Der Europäer kann sich hier in einem Hochgebiet von 1300—1500 m Meereshöhe leichter akklimatisieren und ansiedeln als in den feuchtwarmen tropischen Niederungsgebieten. Katanga ist klimatisch und wirtschaftlich zur Besiedlung im belgischen Kongo am besten geeignet. Eine Akklimatisierung des Weißen ist hier ebenso gut möglich wie etwa in Transvaal (73, 1912, Nr. 3).

Es ist selbstverständlich, daß sich eine Industrie in einem tropischen Land um so besser entwickelt, je mehr es dem Weißen möglich ist, sich selbst zu betätigen und sich nicht, besonders bei verantwortungsvollen Arbeiten, auf den Eingeborenen verlassen zu müssen.

Daß die Tatsachen auch den Angaben entsprechen, beweist die relativ hohe Zahl von 1500 Europäern, die Ende 1925 in der Kupferindustrie beschäftigt waren. Im Verhältnis zu der Gesamtzahl der hier beschäftigten weißen und schwarzen Beamten und Arbeiter ergibt dies einen Prozentsatz von rund 10. Wenn man die entsprechende Zahl für 1920 in Höhe von rund 6% damit vergleicht, so ergibt sich, daß der Betätigungsspielraum des weißen Mannes größer geworden ist, er also eine größere Unabhängigkeit vom Eingeborenen besitzt als etwa in dem Unternehmen der Huileries du Congo belge, wo die Vergleichszahl bedeutend niedriger ist. Dies Unternehmen erstreckte sich nämlich auf ein Gebiet, das für Weiße im allgemeinen ungesund ist. Es wäre auch kaum denkbar, daß in Katanga ein so hoch entwickelter Industrieorganismus entstanden wäre, wenn der Weiße hier nicht genügend an der Arbeit hätte teilnehmen können.

Zu den Europäern, die in der Kupferindustrie beschäftigt sind, kommen noch deren Frauen und Kinder und eine größere Anzahl von Beamten, Händlern und landwirtschaftlichen Ansiedlern hinzu.

Elisabethville zählte 1915 erst 950 Einwohner, zehn Jahre später finden schon 2500 Weiße das Leben hier erträglich. Die Tatsache, daß Ende 1925 der europäische Stab der Union Minière über 600 weiße Frauen und Kinder, die doch gegen klimatische Einflüsse besonders empfindlich sind, bei sich hatte, beweist die Gunst des Klimas. Von 12795 Weißen, die am 1. 1. 1925 in den vier Provinzen des belgischen Kongo lebten, entfallen 5004, das sind 39,1%, auf die Provinz Katanga. Hiervon sind 36% Frauen und Kinder, während der entsprechende Hundertsatz von 4170 Weißen der feuchtheißen Provinz Kongo-Kassai nur 26 beträgt. Von der Gesamtbevölkerung der Kolonie lebten zu dieser Zeit allein 32% im Distrikt Haut Luapula, der im wesentlichen mit der Landschaft Oberkatanga zusammenfällt.

Das Klima ist noch in anderer Beziehung der Kupferindustrie Katangas geneigt. Es ermöglicht den Anbau tropischer — diese mehr im nördlichen Niederkatanga — wie auch europäischer Nahrungsgewächse, die zum Unterhalt der in der Industrie beschäftigten Arbeiter dienen. Die Vorbedingungen für einen Landbau sind gegeben, wenn auch die Bodenfruchtbarkeit manches zu wünschen übrig läßt. Die Viehzucht hat mit Schwierigkeiten zu kämpfen, da das Land im ganzen nicht tsetse-frei ist, sondern nur einzelne Teile, wie die Umgebung von Elisabethville, die Plateaus von Manika und Kundelungu. Besonders ersteres scheint ein Mittelpunkt für Landwirtschaft in Katanga zu werden (17). Es wird von der Katangabahn durchquert, mit Kansenia als Hauptplatz. Eine der wichtigsten Grundlagen für die Bewirtschaftung, die Verkehrserschließung, ist somit schon gegeben.

Bisher ist die Landwirtschaft, für die neben den oben erwähnten Hemmungen auch die Arbeiterbeschaffung schwierig ist, nur wenig entfaltet. 1924 gab es erst etwa 60 nennenswerte landwirtschaftliche Unternehmungen. Die Industrie bemüht sich lebhaft, die Landwirtschaft zu fördern, da sie ja das größte Interesse daran hat, ihren Arbeitermassen wohlfeile Lebensmittel zu verschaffen. Auch hier ist der Bergbau der Pionier der Landwirtschaft, wie in Kalifornien und Südrhodesien. Der größte Teil der Lebensmittelversorgung der Industrie beruht heute noch auf einer durch hohe Bahnfrachten kostspielige Einfuhr aus Südafrika, Rhodesien und den reicheren Distrikten der Kongokolonie. Deshalb ist der Hauptgrund, weshalb die Union Minière für den Bau der Bahn „Bas Congo au Katanga" eintritt, neben der leichteren Arbeiterbeschaffung die Lebensmittelversorgung. Die Bahn wird die dichter bevölkerten und bebauten Landschaften am Kassai und Sankuru mit Katanga verbinden.

Klimatisch bedingt sind die zahlreichen, zur Regenzeit reichlich mit Wasser gespeisten Flußläufe, die Katanga durchschneiden. Sie gehören dem Quellsystem von Lualaba und Luapula an und sind von zahlreichen Fällen und Schnellen durchsetzt. Sie liefern der Minenindustrie natürliche Kraftquellen, auf die sie bei dem Mangel an Kohle zurückgreifen muß. Die Zementindustrie und das Panda-Werk machen hiermit den Anfang.

Während die Kupferindustrie auf der einen Seite durch die Reichhaltigkeit und den leichten Abbau ihrer Erze sowie auch klimatisch sehr begünstigt ist, so erfährt sie doch auf der andern Seite drei starke Hemmungen ebenfalls geographischer Natur, Mangel an Kohle, Arbeitermangel und ungünstige Verkehrslage.

Der Verbrauch an Kohle zur Kraftgewinnung ist in der Kupferindustrie Katangas verhältnismäßig gering. Den Bedarf an solcher Kohle würde in Zukunft vielleicht die Luena-Mine decken können. Der Hauptbedarf erstreckt sich bei der Kupfergewinnung auf Kokskohle. Hierin bleibt die Hüttenindustrie auf die Wankiekohle angewiesen, die durch eine Bahnbeförderung von über 1100 km sehr verteuert wird. Durch die Anwendung des elektrolytischen Verfahrens und den Gebrauch elektrischer Öfen unter Ausnützung der zahlreichen Wasserkräfte des Landes kann sich die Industrie teilweise von dem teuern Koks frei machen. Neuerdings beschreitet sie diesen Weg, auf dem sie auch vorteilhaft die Ausbeutung der Erze von niedrigem Kupfergehalt vorzunehmen vermag.

Wie fast alle afrikanisch-tropischen Industrien leidet auch die Kupferindustrie unter Arbeitermangel. Katanga ist kaum nennenswert besiedelt, da die Eingeborenen besonders durch die Schlafkrankheit dezimiert worden sind. Die verhältnismäßig dicht besiedelten Bezirke des belgischen Kongo liegen weit entfernt und sollen erst noch durch Eisenbahnen mit den Kupferminen verbunden werden. Bei der bekannten Abneigung des Negers, weit von seiner Familie entfernt Arbeit zu verrichten, muß sich die Industrie eines kostspieligen Werbeapparates (Bourse de Travail) bedienen, um aus den entfernten volkreichen Bezirken des belgischen Gebietes und seiner Nachbarkolonien

Arbeiter nach Katanga herüberzuholen, wobei sich noch nebenbei ein ungesunder Gegensatz zwischen den Interessen der Industrie und der Landwirtschaft in den Anwerbungsgebieten ergibt. Die Übersiedlung der Neger mit Frau und Kind erhöht die Kosten der Arbeiterbeschaffung bedeutend. Aus politischen Gründen duldet es die belgische Regierung nicht, die billigen indischen Arbeiter zu verwenden. Die Knappheit an Arbeitskräften wird noch verstärkt durch notwendige Erschließungsarbeiten, z. B. Eisenbahnbau, der viele Kräfte verschlingt. Die Arbeiterschwierigkeit ist geradezu eine Lebensfrage der Union Minière. Um sich von Menschenkraft möglichst unabhängig zu machen, führt sie eine höchstmögliche Mechanisierung ihrer Betriebe durch, scheut auch keine Kosten zur Erhaltung der vorhandenen Menschenkraft durch hygienische Maßnahmen. Der Produktionsrückgang in der ersten Hälfte 1926 um etwa 4000 t gegenüber dem gleichen Zeitraum des vorigen Jahres ist hauptsächlich eine Folge des Arbeitermangels, ebenso das verhältnismäßig langsame Fortschreiten der Neuanlagen.

Die Verkehrslage des Industriegebietes von Katanga ist denkbar ungünstig. Schon ein Blick auf die Karte läßt das charakteristische Merkmal der Verkehrslage Katangas, seine Ozeanferne, deutlich erkennen. Von der Westküste Afrikas, etwa dem Hafenplatz Benguella in Angola, trennt es eine Entfernung von 1500 km in der Luftlinie. Von seiner Ostküste, etwa von Beira, dem Katanga am nächsten gelegenen Hafenort von portugiesisch Ostafrika, sperrt es eine geradlinige Entfernung von 1300 km ab. Eine brauchbare billige Wasserverbindung mit der Küste besteht nicht. Der obere Kongo (Lualaba) ist zwar bis Bukama schiffbar für Schiffsgefäße mit einem niedrigen Tonnengehalt, aber nur zur Hochwasserzeit. Von Elisabethville bis Bukama kommt dazu noch eine Eisenbahnlänge von 450 km. Ein Kupfertransport von Elisabethville bis Matadi an der Kongomündung hat einen gemischten Transportweg von rund 4000 km und siebenmaliges Umladen zu überwinden. Auch bei einem verhältnismäßig hochwertigen Massengut wie Kupfer ist der Transport über den Kongo zu kostspielig. Die einzige relativ leistungsfähige Verbindung, die den Kupferindustriebezirk mit der Küste in Zusammenhang bringt, ist die Eisenbahnlinie Bukama—Beira mit einer Gesamtlänge von 3075 km. Erst durch diesen Eisenbahnnerv ist die Kupferindustrie lebensfähig geworden. Die Bahn wurde 1913 fertiggestellt. Ein Jahr später erhöhte sich die Ausfuhr von Rohkupfer um 300 t. Wenn auch gegenüber dem Kongoweg diese Eisenbahn eine entscheidende Verbesserung brachte, bleibt die Transportbelastung des Kupfers noch sehr hoch, selbst wenn die 2600 km lange Strecke Elisabethville—Beira eine mögliche Verkürzung von 800—900 km erfährt. Von Beira aus kommt noch der lange Seetransport hinzu und eventuell die hohen Kosten der Durchfahrt durch den Suezkanal, ehe das Kupfer seinen Bestimmungsort in Europa erreicht.

Noch eine andere Route steht der Industrie zur Verfügung, die über die Lukugabahn und den Tanganjikasee nach Daressalam, die mit rund 2650 km, von Elisabethville an gerechnet, fast ebenso lang ist wie der Schienenweg Elisabethville—Beira. Aber die Notwendigkeit viermaligen Umladens erhöht die Transportkosten enorm. Trotzdem ist die Union Minière auf sie als Ersatzweg angewiesen. Die rhodesische Linie ist häufiger durch Überschwemmungen unterbrochen (Abhängigkeit vom Klima!): 1925 zwei Monate lang, vier bis sechs Wochen im Jahr vorher. Während dieser Zeit hat sich die Union Minière der Ersatzroute bedienen müssen.

In eine verkehrsgeographisch günstigere Lage wird Katanga erst durch die Vollendung der Benguella-(Lobito-)Bahn kommen. Diese Strecke, die bis über Bihé hinaus schon fertig ist, soll über Dilolo an der Ostgrenze Angolas und über den Goldbezirk Ruwe in Katanga sich bei Tschilongo (zwischen Elisabethville und Bukama) mit der Katangabahn verbinden und damit den Industriebezirk verkehrsgeographisch zum Atlantischen Ozean hin öffnen. Diese Linie wird eine Länge von rund 2100 km bis Elisabethville besitzen, was gegenüber der heutigen Linie Elisabethville—Beira eine Verkürzung von rund 500 km bedeutet. Auch wenn die rhodesische Linie eine Abkürzung erfahren sollte und dann ihre Kilometerzahl um etwa 300 gegenüber der Benguellabahn geringer wird, so wird letztere doch Ausfuhrbahn für Katanga bleiben, schon weil die Seefahrt von Lobitobay nach Europa 17 Tage weniger beansprucht als von Beira. Die Benguellabahn wird die beste Verbindung der Kupferindustrie mit dem Meer sein.

Einen neuen Anschluß an den Atlantischen Ozean wird Katanga durch die Bahn „Bas Congo au Katanga" von Bukama nach Ilebo, die sich im Bau befindet und 1928 fertig werden soll, erhalten. Dieser Weg wird aber immerhin von Elisabethville nach Matadi ca. 2500 km betragen und zweimaliges Umladen nötig machen.[1])

Die verkehrsgeographisch äußerst ungünstige Lage der Kupferminen Katangas legt den Standort der Verhüttung der Erze in unmittelbarer Nähe der Erzvorkommen selbst fest trotz der ungünstigen

---

1) Über die Bedeutung dieses Weges für die Union Minière siehe oben S. 119.

Lage zur Kohle, den Arbeitskräften und Lebensmitteln. Die Benutzung europäischer Kohle würde wegen der hohen Transportkosten die Kupferverhüttung unrentabel machen, da Kupfer immerhin noch, auch in Anbetracht der in den letzten zehn Jahren gesteigerten Kupferpreise, ein wenn auch hochwertiges Massenprodukt darstellt. Die Ausfuhr von Erzen auch im angereicherten Zustand (20—22%) ist nicht lohnend, da rund $\frac{4}{5}$ toter Ballast ist. Aus demselben Grund ist die Verhüttung auch nicht zur Kohle, also nach Wankie verlegt worden, wie kurz folgende Berechnung zeigt. Hierbei ist ein 20%iges bzw. auf 20% angereichertes Erz zugrunde gelegt:

5 t Erz ergeben 1 t Rohkupfer und 4 t Ausschuß,
1 t Rohkupfer verbraucht durchschnittlich . . . . 2 t Koks[1])
Differenz 2 t.

Bei einer Verhüttung in Wankie würden also auf 1 t Rohkupfer 2 t toter Ballast mehr 1180 km mit der Bahn befördert als bei einer Verhüttung in Katanga. Bei dieser Berechnung ist außer acht gelassen, daß dieser Nachteil durch irgendwelche Vorteile nicht geographischer Natur, die sich bei einer Verhüttung in Wankie ergeben könnten, irgendwann kompensiert werden können. Stärker noch wird die Ungunst der verkehrsgeographischen Lage der Kupferindustrie in die Erscheinung treten, wenn die Behauptung von Asmis (14) zutreffen sollte, daß die überwiegende Masse der Erze von niedrigem Metallgehalt wären, so daß sie dem Anreicherungsverfahren unterworfen werden müßten, was natürlich wieder mit erhöhten Kosten verbunden ist. Einen gewissen Ausgleich würde allerdings das elektrochemische Verfahren bringen, das sich auf billige Wasserkräfte stützen kann. Die Verhüttung der Kupfererze am Hafenplatz Beira. wie vielfach Erze in Häfen verhüttet werden, kommt aus den oben genannten Gründen nicht in Betracht.

Daß sich in Katanga an den Abbau der Erze auch die Gewinnung des Metalls anschließen konnte, ist also eine Folge der verkehrsgeographisch ungünstigen Lage dieses Landes. Daß diese Kupferschwerindustrie einzigartig im tropischen, wie überhaupt im gesamten Afrika ist, wurde schon angedeutet. Ein Vergleich mit zwei andern afrikanischen Kupferdistrikten führt dies näher aus. Neben Katanga weist

1) In den letzten Jahren ist der Koksverbrauch pro Tonne Rohkupfer unter 2 t heruntergedrückt worden. (Siehe oben S. 113 Anm. 2.) Das würde noch mehr für die Verhüttung in Katanga selbst sprechen. Allerdings ist auch zu berücksichtigen, daß die Anreicherung, die heute bis auf 24—25% gebracht ist, den relativen Anteil des Ausschusses verringert.

bis heute das Gebiet von Otavi im Norden des ehemaligen Deutsch-Südwestafrika die meisten Kupfervorräte auf. Hier werden Erze von einem durchschnittlichen Kupfergehalt von 13—16% gewonnen. Das geförderte Erz wird angereichert. In geringem Umfang findet auch eine Verhüttung statt. Die kleine Schmelzanlage bringt aber nur Kupferstein mit rund 50% Kupfer aus. An nicht verhütteten, nur auf 13% angereicherten Erzen wurden 1922/23 sieben- bis achtmal soviel ausgeführt. Die im Vergleich zu Katanga sehr günstige Lage Otavis gestattet, das Erz nach Europa zu transportieren und hier zu verhütten. Die Eisenbahnverbindung Otavi—Swakopmund hat nur rund $\frac{1}{5}$ der Länge der Linie Elisabethville—Beira. Dazu ist Swakopmund ein atlantischer Hafen.

Das Kupfergebiet von Minduli in französisch Äquatorial-Afrika (120 km westlich von Brazzaville am Stanleypool), das allerdings an Bedeutung sich vorerst noch nicht mit Katanga und Otavi messen kann und noch kaum erschlossen ist, liegt verkehrsgeographisch ebenso günstig wie Otavi. Letzterem gegenüber wird seine Lage noch günstiger, wenn es direkten Anschluß an den Ozean durch die projektierte Eisenbahn Brazzaville-Pointe Noire erhält, deren Strecke Minduli—Pointe Noire 300—400 km betragen wird. Die französischen Minen führen hochprozentige Erze aus.

Die Produktionskraft der Kupferindustrie Katangas ist durch die Ungunst seiner geographischen Bedingungen sehr gehemmt, so daß seine natürlichen Vorteile stark ausgeglichen werden. Im Verhältnis zu den sehr optimistischen Versprechungen Williams, des Vizepräsidenten der Union Minière, ist der Fortschritt dieser Industrie, wenn auch für tropische Verhältnisse schnell, doch langsamer als man erwartet hatte. Büchel[1]) hebt auch etwas zu einseitig die der Industrie günstigen natürlichen Bedingungen hervor. Die Entwicklung der Kupferindustrie in den nächsten Jahren wird wohl im wesentlichen eine Folge der Preisentwicklung auf dem Kupfermarkt sein.

Nordrhodesien. In Kasanshi im Nordwesten der Kolonie an der Grenze des belgischen Kongo hat die Katanga Junction Railway and Mineral Co. eine Kupfermine mit einer kleinen Schmelzanlage. Die Produktion ist minimal und scheint sogar jetzt eingestellt worden zu sein, da die Mine keinen Eisenbahnanschluß hat. Ebenfalls ungünstig gelegen ist ein anderes Kupfervorkommen rund 25 km südlich vom

1) Die Erschließung des belgischen Kongo. 1914, Beiheft zum Tropenpflanzer. S. 371.

Kafue. Die einzelnen Minen liegen 80—160 km von der Eisenbahn entfernt. Ein kleiner 25 t Kupferschmelzofen hat bis 1921 7000 tons Schmelzkupfer hergestellt. Die Förderung ist auf zwei Minen beschränkt worden. Eine günstigere Lage haben die Kupferminen von Bwana M'Kubwa an der rhodesischen Bahn ca. 300 km von Elisabethville. Eine Konzentrationsanlage ist hier aufgestellt, die Produktion aber noch gering. Die nordrhodesischen Kupferminen unterliegen ähnlichen natürlichen Bedingungen wie die Katangas.

Französisch Äquatorial-Afrika. Das Kupfervorkommen dieser Kolonie etwa 120 km westlich Brazzaville, das in den Minen von Minduli und Renneville erschlossen ist, wurde 1911 durch eine 150 km lange Kleinbahn mit dem Stanleypool verbunden. Die Minen sind reich an Kupfererzen, die dicht unter der Erdoberfläche liegen. Bisher wurden von hier nur hochprozentige Erze versandt, wie Chalkosin (ein 60%iges Kupfersilikat). Verhüttet wird nicht. Die Produktion leidet unter Arbeiter- und Nahrungsmangel. Sie ist vorerst noch kaum nennenswert und wird sich erst durch die Vollendung der oben erwähnten Bahn zum Atlantischen Ozean heben.

Mosambik. Im geringen Umfang wird Kupfer gewonnen im Manica-Land in der Nähe der Beirabahn (1922 100 t).

Angola. Die Kupfervorkommen von Bembe in Nordangola, die früher von den Eingeborenen abgebaut wurden, werden erst einer modernen intensiven Ausbeutung zugänglich sein, wenn sie durch eine Eisenbahn erschlossen sind.

6. Zink und Blei.

Zink- und Bleibergbau wird bisher nur im tropischen Nordrhodesien betrieben, und zwar im Broken-Hill-Distrikt, der durch die rhodesische Bahn erschlossen ist. Die im Abbau begriffenen Lager schätzt man auf 400000 tons. Das Erz enthält durchschnittlich 27% Zink und 26% Blei und kommt als Zement in Dolomitbrekzien vor. Diese imprägnierten Zonen ragen, weil schwerer verwitterbar, als Hügel von 60—90 Fuß aus dem umgebenden silurischen Dolomit hervor. Das Bleierz tritt hauptsächlich als Karbonat, das Zinkerz als Silikat auf. Sulfidische Erze treten zurück. 1916 wurde ein Hochofen mit einer monatlichen Leistungsfähigkeit von 1500 tons Blei errichtet, der 1921 schon 18000 tons von diesem Metall mit Hilfe von Wankiekoks erzeugte. Die Gewinnung von Zink ist bisher nur versuchsweise unternommen worden. Die Gesamtbleierzeugung von ihrem Beginn bis Ende 1923 beläuft sich auf 102000 tons.

7. Mangan.

An der Goldküste wird seit 1916 Manganerz abgebaut. Es enthält durchschnittlich 56% Mangan. Die Abbaustelle liegt 45 km von Sekondi entfernt unmittelbar an der Eisenbahn. Das Erz wird ohne weitere Aufbereitung ausgeführt, 1924/25 230000 tons.

8. Salze.

In Ostafrika bestehen eine Reihe Unternehmungen zur Gewinnung von Soda, Pottasche und Kochsalz.

Kenyakolonie. Seit 1913 gewinnt man hier aus dem Magadi-See (nordöstlich vom Natronsee im ostafrikanischen Graben) Soda. Das Mineral kommt konzentriert in Kristallform vor. Man schätzt den Inhalt des Sees an Soda auf 100 Millionen tons. Die Soda wird gebaggert und an Ort und Stelle in zwei großen Fabrikanlagen gereinigt und kalziniert. Eine Durchschnittsanalyse zeigt folgende Werte:

	Rohsoda	gebrannte Soda
Natriumbikarbonat ($NaHCO_3$)	33,84%	—
Natriumkarbonat (Na_2CO_3)	45,44 ,,	94,36%
Kochsalz ($NaCl$)	2,30 ,,	3,24 ,,
Unlösliche Bestandteile	1,66 ,,	2,40 ,,
Wasser	16,73 ,,	—

Den Abtransport des Produktes ermöglicht die 150 km lange Magadisee-Bahn (450 km bis Mombassa), ein Abzweiger der Ugandabahn. 1924 wurden 34000 tons Soda exportiert. Heute wird die im Magadi-See gewonnene Soda ganz verschifft, kann aber von großer Bedeutung werden für die Entwicklung einer modernen Seifenindustrie in Ostafrika.

Erythräa. Von einer italienischen Gesellschaft wird auf abessinischem Boden etwa 18 km von der italienischen Grenze ein reiches Pottaschenlager abgebaut. 5000—8000 t können monatlich hier mit Hilfe von etwa 1000 Arbeitern gewonnen werden. Das Salz wird von der Grenze aus auf einer Kleinbahn 75 km weit bis zur Küste zum Hafen Mersa Fatimari und von dort mit Segelbooten oder kleinen Dampfern nach dem 120 km nordwestlich davon gelegenen Massaua gebracht. Früher wurden die Waggons auf der Kleinbahn von Lokomotiven gezogen. Da aber Holz und Wasser zu ihrem Betrieb in dem Trockengebiet schwer erreichbar sind, hat man sie durch Traktoren ersetzt — eine interessante Abhängigkeit vom Klima.

Ehemaliges Deutsch-Ostafrika. Die Saline Gottorp im Udjidji-Bezirk südlich der Tanganikabahn gewinnt aus Salzquellen Kochsalz. Es wird zum Teil in der Kolonie selbst verbraucht, zum Teil in die Kongokolonie ausgeführt. 1924 produzierte die Saline 3300 t. 500 Arbeiter sind hier tätig.

Zu erwähnen wären noch die zahlreichen Betriebe, die in Salzgärten längs der afrikanischen Küste Meeressalz gewinnen, meist natürlich mit den einfachsten Mitteln, an einigen Stellen, besonders an der Küste des Roten Meeres aber auch mit industriellen Methoden (Maschinen zum Zerkleinern des Salzes).

9. Eisen.

Dieses Erz wird im tropischen Afrika außer von den Eingeborenen, die es in kleinen Hochöfen verhütten, noch nicht abgebaut. Reiche Lager sind bekannt aus dem Kameruner Hochland, Togo, Sierra Leone und vielen andern Stellen. Im folgenden sind zwei Analysen wiedergegeben, welche die Reichhaltigkeit der Vorkommen beweisen. Die Hämatitlager im Sokode-Bassari-Distrikt im Norden von Togo enthalten:

89,51%	Eisenoxyd
9,47%	Silizium
0,24%	Aluminium
0,16%	Mangan
0,03%	Phosphor.

Die Lager in Nordtogo mit mehr als 50% Eisengehalt schätzt man auf 30 Millionen t. Die Franzosen beabsichtigen, die Bahn Lome-Atakpame nach Norden weiter zu führen, um die Erze auszubeuten.

Ein ausgedehntes Lager in Sierra Leone in der Nähe der Küste bei Devil Hole, das man auf 3 Millionen tons schätzt (26, 1921, S. 241), weist folgende Bestandteile auf:

71,72%	Eisenoxyd
14,10%	Titan
0,15%	Chrom
0,03%	Schwefel
0,04%	Phosphor.

Für eine zukünftige Ausnutzung der Eisenschätze in den afrikanischen Tropen ist der weitere Ausbau der Eisenbahnen entscheidend. In Frage wird nur hochprozentiges Erz kommen. Bei dem Mangel an Kohle im tropischen Afrika und der geringen Verkokbarkeit der vorhandenen wird sich eine Verhüttung im Lande selbst kaum als lohnend erweisen.

10. Graphit.

Auf Madagaskar werden Graphitlager abgebaut, die neben denen von Ceylon zu den wichtigsten der Erde gehören. Sie sind auf die Ostseite der Insel beschränkt und können leicht an der Erdoberfläche abgebaut werden. Die Aufbereitung ist größtenteils noch primitiv, Waschen mit der Hand, Trocknen in der Sonne, einfaches Sieben. In den letzten Jahren sind einige sog. Graphitfabriken errichtet worden, die das Mineral mit industriellen Methoden aufbereiten und anreichern. Die Produktion belief sich 1925 auf 13000 t.

11. Kohle.

Siehe unter Kohle S. 4ff.

Neben den oben angeführten Mineralien sind noch eine Reihe anderer, wie Glimmer usw., an verschiedenen Stellen in Abbau. Sie haben aber geringe Bedeutung.

12. Zementindustrie.

Gestützt auf reichliche Kalk- und Tonvorkommen und stellenweise, wie in Katanga, auf das Vorhandensein von Kohle, hat sich im tropischen Afrika schon eine Zementindustrie entwickeln können.

Außer den beiden Zementwerken in Katanga[1]) ist noch ein drittes in der belgischen Kolonie in Thysville (Lukula) an der Bahn Matadi—Leopoldville in Betrieb. Die Fabrik produzierte 1924 8000 t Zement, 950 t Kalk und 350 t Ziegel. Sie stellt auch Betonröhren und feuerfeste Steine her.

Zum Bau des Staudamms bei Makwar am Blauen Nil hat man dort ein Zementwerk mit sechs Öfen und einer jährlichen Leistungsfähigkeit von 1200 tons Zement errichtet. Ton und Kalk werden in der Nähe gefunden; Gips kommt von einem Lager am Roten Meer. Holz, Holzkohle und eingeführter Koks dienen als Brennmaterial.

Eine große Zementfabrik arbeitet in Matolla bei Lourenço Marques mit einer jährlichen Produktionsfähigkeit von 35000 tons. Abgesehen von der großen Nachfrage nach Zement in Afrika, stützt sich diese Fabrik besonders auf reichlich Kohle, genügend Kalkstein und Ton, ausreichende Arbeitermengen und auf eine erstklassige Verkehrslage. Eine zweite Zementfabrik in Mosambik soll bis 1928 fertig sein.

In Angola wird in ein paar Jahren ein Zementwerk in Lobito errichtet.

---

1) Siehe oben S. 115.

Die Aussichten für die Weiterentwicklung der Zementindustrie im tropischen Afrika sind günstig. Große Summen werden heute noch für die Einfuhr dieses Massengutes, das im Land selbst hergestellt werden könnte, verausgabt. So führten z. B. Kenya und Uganda 1923 11552 tons Zement ein im Wert von 50524 engl. Pfd. Ins ehemalige Deutsch-Ostafrika wurden 1922 4200 tons, nach Sansibar im gleichen Jahr 2474 tons eingeführt.

VIII. Allgemeine Charakterisierung der Industrie.

Will man die Industrie im tropischen Afrika kurz charakterisieren, so kann man sagen, daß sie im allgemeinen erst die Grundstufe einer Industrie darstellt, daß sie die Aufgabe hat, die pflanzlichen, tierischen und mineralischen Rohstoffe des Landes aufzubereiten, um sie in einen exportfähigen Zustand zu versetzen. Sie ist damit im wesentlichen eine Aufbereitungsindustrie und in ihrem Standort aus verkehrsgeographischen Gründen wie wegen der Natur des Rohstoffs an sein Vorkommen gebunden.

Eine moderne Fertigindustrie in dem Sinne, daß sie Rohstoffe zu Gebrauchsgegenständen verarbeitet, gibt es im tropischen Afrika kaum, abgesehen von kleineren gewerblichen Betrieben, die sich eng an die Siedlungen der Weißen knüpfen und nur lokale Bedeutung haben. Ansätze zu moderner Fertigindustrie, die über den lokalen Bedarf hinausgeht, wie Seifen- und Fleischkonservenindustrie, sind allerdings schon vorhanden.

Die langsame und geringe Entwicklung der Industrie im tropischen Afrika erklärt sich zur Hauptsache aus der Jugendlichkeit seiner wirtschaftlichen Erschließung. Die Industrie ist noch zu sehr mit den Vorarbeiten belastet, ihr günstige Bedingungen werden noch zu stark durch ungünstige aufgehoben. Mit dem zunehmenden Ausbau der Verkehrswege des Landes wird sich auch die Industrie entfalten, vorausgesetzt, daß es dem Weißen gelingt, die brennende Arbeiterfrage zu lösen.

Literatur.

1. Abeking, Angola. Koloniale Rundschau 1914.
2. Afrika-Post, Hamburg.
3. African Mail, Liverpool.
4. African World and Cape-Cairo Express, London.
5. African World, Annual Edition, London.
6. Afrique Française, mit Renseignements Coloniaux, Paris.
7. Afrique Economique, Paris.
8. Andrée K. Geographie des Welthandels, 1910ff., 4 Bde. II. Bd., 4. Aufl., 1927 „Die außereuropäischen Länder" S. 117—237: F. Thorbecke, Afrika südlich der Sahara.
9. Annuaire du Gouvernement Général de l'Afrique Equatoriale Française, 3 Bde., Paris 1912 u. 1919.
10. Annuaire du Gouvernement Général de l'Afrique Occidentale Française, Paris o. J.
11. Annuaire du Congo Belge, 14. Ed., Brüssel 1925.
12. Annuaire du Ministère des Colonies 1924—1925, Paris.
13. Anuario de Angola, I. Ediçāo., Lissabon 1923.
14. Asmis, Der belgische Kongo nach dem Weltkrieg, Leipzig 1920.
15. Association des Licenciés sortis de l'Université de Liège, Le Katanga Province Belge, 5. ann., Nr. 4, Lüttich 1911.
16. Baltzer, F., Die Kolonialbahnen mit bes. Berücksichtigung Afrikas, Berlin 1916.
17. Bauw, A. de, Le Katanga, Notes sur le pays, ses Ressources et l'Avenir de la Colonisation Belge, Brüssel 1920.
18. Barquissan usw., L'Ile de la Réunion, II. Ed., Paris 1925.
19. Behrend, F., Die Stratigraphie des östlichen Zentralafrika usw. (Preuß. geol. Lds.-Anst.), Berlin 1918.
20. British Cotton Growing Association, Annual Reports, Manchester.
21. Blue Book, Tanganyika territory, for the Year ended 31st. Dez. 1924, Daressalam.
22. Board of Trade Journal, London.
23. Bruck, W. F., Sisalkultur in Deutsch-Ostafrika. Aus den Arbeiten der deutschen Landwirtschafts-Gesellschaft, Berlin 1913.
24. Bruel, G., L'Afrique Equatoriale Française, Paris 1918.
25. Bücher, H., u. Fickendey, E., Die Ölpalme, Berlin 1919.
26. Bulletin of the Imperial Institute, Bde. 1910—1925, London.
27. Bulletin de l'Agence Générale des Colonies par Ministère des Colonies, Bde. 1923/24/25, Paris.
28. Bulletin Mensuel de l'Agence Economique de l'Afrique Occidentale Française par Gouv. Gen. A. O. F. Paris 5; 6; 7; Jahrg. 1924—26, Nr. 48—67.
29. Bulletin de la Société belge des ingénieurs et des industriels.
30. Cape Times, Kapstadt.

31. Commerce Reports, Washington.
32. Congo, Revue Générale de la Colonie Belge, Brüssel, Bde. 1921—26 (enthält auch die „Renseignements de l'Office Colonial" und die Veröffentlichungen der „Association pour le perfect. d. mat. col.").
33. Dépêche Coloniale, Paris.
34. Dandouau, A., Géographie de Madagascar, Paris 1922.
35. Deutsches Kolonialblatt und Mitteilungen aus den deutschen Schutzgebieten, Berlin 1910—1920.
36. Das überseeische Deutschland, Stuttgart 1911.
37. Deutsche Kolonialzeitung 1910—1918.
38. Die Deutschen Schutzgebiete in Afrika und der Südsee 1912/13, Berlin 1914.
39. Dove, K., Wirtschaftsgeographie von Afrika, Jena 1917.
40. Dove, K., Afrikanische Wirtschaftsstudien, Hamburg. Forschg. 4.
41. Dove, K., Afrika südlich der Sahara. Andrees Geographie des Welthandels, Bd. II, Frankfurt 1912.
42. East African Red Book, 1922—23, Nairobi und Mombassa 1922.
43. Economist, London.
44. Empire Cotton Growing Review, Journal of the Empire Cotton Growing Corporation, Vol. 1, London 1924.
45. Erdmann-Königs Warenkunde, Leipzig 1906.
46. Falkoner, J. D., The Geology and Geography of Northern Nigeria, London 1911.
47. Financial Times, London.
48. Financial News, London.
49. Fitzner, Die Weltwirtschaft der Fettstoffe, Berlin 1919.
50. Frech, F., Die Kohlenvorräte der Welt, Stuttgart 1917.
51. Geographical Journal, London, Bde. 1910—1926.
52. Gouldsbury and Sheane, The Great Plateau of Northern Rhodesia, London 1911.
53. Guide-Annuaire du Gouvernement Général du Madagascar et Dépendences, Année 1912, Tananarive 1912.
54. Guide de la Colonisation au Togo, Paris 1924.
55. Guide de la Colonisation au Cameroun, Paris 1923.
56. Handbook of Nigeria, 1922—23 und 1924, Lagos 1922 u. 1924.
57. Handbook of Goldcoast, I. Ed. Accra 1923, II. Ed. Accra 1924.
58. Handbook of Sierra Leone, London 1925.
59. Handbook of Uganda, II. Ed., London 1920.
60. Handbook of the Uganda Protectorate, London o. J.
61. Handbook of German East Afrika, London 1923.
62. Handbook of Nyasaland, London und Zomba 1922.
63. Handbook of Commercial, Industrial and General Information relating to the Union of South Africa, South West Africa, Rhodesia (N. a. S.) and Portuguese East Africa (Lourenco Marques, Beira and Hinterlands), Woodchester 1924.
64. Handbooks prepared under the Direction of the Historical Section of the Foreign Office, London.
Nr. 98 Anglo-Egyptian Sudan
„ 100 French West Africa
„ 102 Senegal
„ 103 French Guinea
Nr. 104 Ivory Coast
„ 105 Dahomey
„ 107 Upper Senegal and Niger
„ 108 French Equatorial Africa.

65. Hann, J., Handbuch der Klimatologie, II. Bd., Stuttgart 1910.
66. Hassert, K., Deutschlands Kolonien, Leipzig 1910.
67. Heydt's, von der, Kolonial-Handbuch, Berlin 1913.
68. Hindorf, R., Der Sisalbau in Deutsch-Ostafrika, Berlin 1925.
69. Hübbe-Schleiden, Ethiopien. Studien über Westafrika, Hamburg 1879.
70. Hübners Geographisch-statistische Tabellen.
71. Hutton, J. A., The Work of the British Cotton Growing Association, London 1914.
72. Jahrbuch über die deutschen Kolonien, I.—VII. Jahrg.
73. Journal médical de Bruxelles.
74. Journal d'agriculture tropical, Paris.
75. Journal officiel de la République Française, Paris.
76. Koloniale Rundschau, Bde. 1912—1926, Berlin.
77. Kolonial-Handelsadressbuch 1912/13.
78. Kolonial-Lexikon, Deutsches, Leipzig 1920.
79. Klute, F., Neue Verkehrswege in Afrika. Weltwirtschaftliches Archiv, Kiel, 17. Bd.
80. Krenkel, E., Geologie Afrikas, I. Teil, Berlin 1925.
81. Lemoine, P., Afrique Occidentale. Hdb. d. reg. Geologie, Bd. VII, 14. Heft, 1913.
82. Lemoine, P., Madagascar. Hdb. d. reg. Geologie, Bd. IV, 6. Heft, 1911.
83. Lyne, R. N., Mozambique. Its Agricultural Development, London o. J.
84. Marquardsen, H., Angola, Berlin 1920.
85. Meyer, H., Das deutsche Kolonialreich, Leipzig 1910.
86. Meyer, H., Das portugiesische Kolonialreich der Gegenwart, Berlin 1918.
87. Maugham, R. C. F., The Republic of Liberia, London 1920.
88. Manual of Portuguese East Africa, London 1920.
89. Martini, F., L'Eritrea Economica, Rom 1913.
90. Mauritius Almanac and commercial Handbook for 1923—24, Port Louis 1923.
91. Ministerio de Etado. A las Cortes. Memoria Referente a la Situación Política y Economica de las Possesiones Espanolas del Africa Occidental en los anos 1916—18, Madrid 1919.
92. Paulin, H., Afrique Equatoriale Francaise, Paris 1924.
93. Pflanzer, Der ostafrikanische, Daressalam.
94. Pflanzer, Der, Amani.
95. Preuß, P., Die Kokospalme und ihre Kultur, Berlin 1911.
96. Rapport Annuel du Gouvernement Français sur l'Administration Sous Mandat des Territoires du Cameroun 1923—24.
97. Rapport au Ministre des Colonies sur l'Administration des Territoires occupés du Togo 1921.
Rapport Annuel du Gouvernement Français sur l'Administration Sous Mandat des Territoires du Togo 1922—1924.
98. Rapport Annuel sur l'Activité de la Colonie du Congo Belge, Année 1922, 1924 und 1925, Brüssel.
99. Reports, Colonial-Annual, London.
Nigeria . . . . 1914—1925
Nyasaland . . . . 1907/08—1924
Kenye . . . . 1913/14—1924

Uganda	1913/14—1924
Sierra Leone	1913—1924
Gambia	1913—1924
Ashanti	1915—1924/25
Northern Territories of the Gold Coast	1907—1924/25
Gold Coast	1913—1924/25
Mauritius	1913—1924
Seychelles	1913—1924
Zanzibar	1915—1924
Somaliland	1915/17—1924

100. Report on the Finances, Administration and Condition of the Sudan 1921—1925.
101. Report on Tanganyika Territory, vom Waffenstillstand bis Ende 1920, 1922.
102. Report on the British Sphere of the Cameroons 1919—1923.
Report by H. Br. Maj. Gov. on the administration Under Mandate of the Brit. Cameroons. Subm. t. th. Counc. o. League o. Nations 1924.
103. Report wie oben, British Togoland. 1924.
104. Report on the Trade and Commerce of East Africa (Uganda Prot., Kenya Col. a. Prot., Zanzibar a. th. Tanganyika Terr.), Department of Overseas Trade 1920—1924.
105. Report on the Commercial Situation o. Portuguese East Africa. Dep. o. Ov. Tr. 1921.
106. Report. Portugal (Lourenco Marques u. Mozambique), Dipl. a. Cons. Rep. 1914.
107. Report on the Economic Conditions in Angola. Dep. o. Ov. Tr. 1922 bis 1925.
108. Report Angola (mit Supplements 1914/16), Dipl. a. Cons. Rep. 1913 bis 1914.
109. Report on the Economic Situation in South Africa. Dep. o. Ov. Tr. 1922—24.
110. Report Reunion. Dipl. a. Cons. Rep. 1909/14.
111. Report, Special Consular, Nr. 82 Eritrea. Dep. o. Commerce, Washington 1920.
112. Report, Special Consular, Nr. 85 Portuguese East Africa. Dep. o. Comm., Washington 1923.
113. Report. Abyssinia. Dep. o. Comm., Washington 1918.
114. Report with a despatch from the secretary of state for the colonies (Committee on westafrica edible and oil producing nuts and seeds), London 1916.
115. Revue universelle des Mines 1904: L'Avenir industrielle du Congo.
116. Revue des Questions Coloniales et Maritimes, Paris.
117. Rohrbach, P., Wie machen wir unsere Kolonien rentabel? Halle 1907.
118. Rohrbach, P., Das deutsche Kolonialwesen, I, Leipzig 1911.
119. Sapper, K., Die Tropen. Natur und Mensch zwischen den Wendekreisen, Stuttgart 1923.
120. Schanz, M., Westafrika, Berlin 1903.
121. Schanz, M., Ost- und Südafrika, Berlin 1902.
122. Schnee, H., Die deutschen Kolonien unter fremder Mandatsherrschaft, Leipzig 1922.

123. Schnee, H., Unsere Kolonien, Leipzig 1908.
124. Semler, H., Die tropische Agrikultur, 4 Bde., 1897ff.
125. Sievers-Hahn, Länderkunde von Afrika, Leipzig und Wien 1901.
126. South African Mining and Engeneering Journal, Johannesburg.
127. Star, Johannesburg.
128. Statesman's Yearbook, London.
129. Stuhlmann, F., Beiträge zur Kulturgeschichte Ostafrikas, Berlin 1909.
130. Thorbecke, F., Das tropische West- und Mittelafrika, Geogr. Zeitschr. 1915.
131. Transactions of the First World Power Conference, London, Vol I Power Resources of the World, available and utilized. June 30th—July 12th 1924.
132. Tropenpflanzer, mit Beiheften 1910—1925.
133. Verhandlungen der Ölrohstoffkommission d. Kol.-Wirtschaftl. Komitees.
134. Verhandlungen der Baumwollanbaukommission d. Kol.-Wirtschaftlichen Komitees.
135. Verhandlungen der Kolonial-Technischen Kommission d. Kol.-Wirtschaftl. Komitees.
136. Verhandlungen des Vorstandes des Kol.-Wirtschaftl. Komitees.
137. West Africa, London.
138. Weltwirtschaftliche Nachrichten, Kiel.
139. Wirtschaftsdienst, Hamburg 1916—1926.
140. Year Book of Information regarding the Port and Town of Lourenco Marques and other distrikts of the Province of Mozambique. 26th year. Lourenco Marques 1924.
141. Akten aus dem Firmenarchiv des Hamburgischen Weltwirtschaftsarchivs:
   a) Lever Brothers Ltd. Port Sunlight, Cheshire.
   b) Société anonyme des Huileries du Congo Belge.
   c) The Victoria Falls and Transvaal Power Company Ltd., London.
   d) Union Minière du Haut Katanga.
   e) Otavi Minen- und Eisenbahngesellschaft.
   f) The British Cotton Growing Association, Manchester.
   g) The Empire Cotton Growing Corporation, London.

Soweit hinter einzelnen Zeitschriften und Zeitungen keine Jahres- und Bändezahl angegeben ist, sind sie durchgearbeitet worden, wie sie im Hamburgischen Weltwirtschaftsarchiv in den Akten zerschnitten vorhanden sind. Sie umfassen im wesentlichen den Zeitraum von 1910—1925.

Die Literaturhinweise sind in den Text in Klammern eingefügt. Die erste Zahl hinter jeder Klammer oder eine einzelne eingeklammerte Zahl bedeutet jedesmal die im Literaturverzeichnis unter der betreffenden Nummer angeführte Literatur.

Die angeführten Maße und Gewichte.

1 metr. Tonne (t) = 1000 kg.
1 engl. Tonne zu 20 Ztr. (cwts) = 2240 lbs = 1016,04 kg.
1 engl. Zentner (cwt) zu 112 lbs = 50,8024 kg.
1 engl. Pfund (lb) = 453,59 gr.
1 Ballen Baumwolle zu 400 lbs = $181\frac{2}{5}$ kg.
1 acre = 0,40 ha.
1 Feddan = 0,42 ha.
1 Arpent = 42 acres = 17 ha.

GPSR Compliance

The European Union's (EU) General Product Safety Regulation (GPSR) is a set of rules that requires consumer products to be safe and our obligations to ensure this.

If you have any concerns about our products, you can contact us on ProductSafety@springernature.com

In case Publisher is established outside the EU, the EU authorized representative is:

Springer Nature Customer Service Center GmbH
Europaplatz 3
69115 Heidelberg, Germany

Batch number: 10815962

Printed by Printforce, the Netherlands